维修电工

主　编　成向东　贺泽虎
参　编　谭　谷

重庆大学出版社

内 容 提 要

本书为职业教育中项目式教学系列规划教材,电类专业系列教材之一,内容包括安全用电,常用电工仪表、电工工具的使用,常用低压电器的识别和拆装,常用电子元器件的识别与检测,三相异步电动机的基本控制线路及其安装调试,典型机床电路调试与故障处理等工作项目。

本书可作为中等职业学校电类专业的专业技术实训教材,也可供专业维修人员作为岗位培训教材或自学用书。

图书在版编目(CIP)数据

维修电工/成向东,等主编. —重庆:重庆大学出版
社,2010.8(2025.7 重印)
(中等职业教育机电技术应用专业系列教材)
ISBN 978-7-5624-5505-9

Ⅰ.①维… Ⅱ.①成… Ⅲ.①电工—维修—专业学校
—教材 Ⅳ.①TM07

中国版本图书馆 CIP 数据核字(2010)第 114405 号

中等职业教育机电技术应用专业系列教材

维修电工
WEIXIU DIANGONG

主 编 成向东 贺泽虎
参 编 谭 谷
责任编辑:谢 芳 版式设计:彭 宁
责任校对:邹 忌 责任印制:张 策

*

重庆大学出版社出版发行
社址:重庆市沙坪坝区大学城西路 21 号
邮编:401331
电话:(023)88617190 88617185(中小学)
传真:(023)88617186 88617166
网址:http://www.cqup.com.cn
邮箱:fxk@cqup.com.cn(营销中心)
全国新华书店经销
重庆新生代彩印技术有限公司印刷

*

开本:787mm×1092mm 1/16 印张:7.75 字数:193 千
2010 年 8 月第 1 版 2025 年 7 月第 2 次印刷
ISBN 978-7-5624-5505-9 定价:25.00 元

序

当前,为配合社会经济的发展,职业教育越来越受到重视,加快高素质技术人才的培养已成为职业教育的重要任务。随着电类行业的快速发展,企业需要大批量的技术工人,电类专业正逐步成为中等职业学校的主要专业,为培养出企业所需要的技术工作人才,大多数学校采用了"2+1"三年制教学模式。因此,编写适合中等职业学校新教学模式的特点,符合企业要求,深受师生欢迎,能为学生上岗就业奠定坚实基础的新教材,已成为职业学校改革的当务之急。为适应职业教育改革发展的需要,重庆大学出版社、重庆市教育科学研究院职成教所及重庆市中等职业学校电类专业中心教研组,组织重庆市中等职业学校教学第一线的"双师型"骨干教师编写了该套知识与技能结合、教学与实践结合、突出实效、实际、实用特点的中等职业学校电类专业的专业课系列教材。

在编写过程中,我们借鉴了澳大利亚、德国等国外先进的职业教育理念,广泛参考了各地中等职业学校的教学计划,征求了企业技术人员的意见,并邀请了行业和学校的有关专家,多次对书稿进行评议和反复论证。为保证教材的编写质量,我们选聘的作者都是长期从事中等职业学校电类专业教学工作的优秀的双师型教师,他们具有丰富的生产实践经验和扎实的理论基础,非常熟悉中等职业学校的教育教学规律,具有丰富的教材编写经验。我们希望通过这些工作和努力使教材能够达到以下目的:

第一,地位准确,目标明确。充分体现"以就业为导向,以能力为本位,以学生为宗旨"的精神,结合中等职业学校双证书和职业技能鉴定的需求,把中等职业学校的特点和行业的需求有机地结合起来,为学生的上岗就业奠定坚实的基础。

中等职业学校的学制是三年,大多采用"2+1"模式。学生在学校只有两年时间,学生到底能学到多少知识和技能;学生上岗就业,到底需要哪些知识和技能。我们在编写过程中本着实事求是的原则,进行了反复论证和调研,并参照了国家职业资格认证标准,以中级工为基本依据,兼顾中职的特点,力求做到精简整合、科学合理地安排知识与技能的教学。

第二,理念先进,模式科学。利用澳大利亚专家来重庆开展项目合作的机会,我们学习了不少先进的理念和教学方法,同时也借鉴了德国等其他国家的先进职教理念,吸取了普通基础教育新课程改革的精髓,摒弃了传统教育的编写方法,从实例出发,采用项目教学的编写模式,讲述学生上岗就业需要的知识和技能,以适合现代企业生产实际的需要。

第三,语言通俗易懂,图文并茂。中等职业学校学生绝大多数是初中毕业生,

1

由于种种原因,其文化知识基础相对较弱,并且中职学校电类专业的设备、师资、教学等也各有特点。因此,在教材的编写模式、体例、风格和语言运用等方面,我们都充分考虑了这些因素,尽量使教材语言简明、图说丰富、直观易懂,以期老师用得顺手,学生看得明白,彻底摒弃大学教材缩编的痕迹。

第四,整体性强,衔接性好。中等职业学校的教学需要全程设计,整体优化,各教材浑然一体,互相衔接,才能满足师生的教学需要。为此,我们充分考虑了各教材在系列教材中的地位与作用以及它们的内在联系,克服了很多教材之间知识点简单重复,或者某些内容被遗漏的问题。

第五,注重实训,可操作性强。电类专业学生的就业方向是一线的技术工人。本套教材充分体现了如何做、会操作、能做事的编写思想,力图以实作带理论,理论与实作一体化,在做的过程中掌握知识与技能。

第六,强调安全,增强安全意识。本书充分体现电类行业的"生产必要安全,安全才能生产"的特点,把安全意识和安全常识贯穿教材的始终。

我们期望本系列教材的出版能对我国中等职业学校电类专业的教学工作有所促进,并能得到各位职业教育专家与广大师生的批评指正,以便于我们逐步调整、补充、完善本系列教材,使之更加符合中等职业学校电类专业的教学实际。

编　者

2010 年 4 月

前 言

　　职业教育发展至今,传统的灌输式教学方法已不能完全适应现代职业院校的教学,这也是从事职业教育的广大教师在工作实践中的共识。为此,"以行动为导向"、"任务引领"、"项目驱动"等教学方法应运而生,并在广大教师的积极探索和实践中得到不断丰富和完善,已成为现代职业教育的主流发展趋势而被职业院校所推广。正因为如此,我们编写了与此相适应,并具有创新特色的教材。

　　本书在编写过程中坚持以职业活动为导向的职业教育目标,坚持以能力本位为依据,始终坚持贯彻落实"行动为导向"教学方法的理念和技术。本教材在教学编排上克服了传统学科所要求的以知识为先导的编写思路,从做入手,力求使学生在完成相应的"工作任务"中实现"做学合一"的效果。本教材还特别设计引入了工作任务流程表,以期对学生在实施工作任务时如何准备、如何工作提供指南。

　　本教材系中等职业学校电类专业的主干课程,安排在一年级第一学期学习,教学时数为 128 学时,各项目课时安排如下:

项　目	课时数	项　目	课时数
1	8	4	16
2	16	5	32
3	24	6	32

由于编者水平有限,本书的不妥之处在所难免,恳请读者及时批评指正。

编　者
2010 年 4 月

目 录

项目一　安全用电

技能目标: 1. 能熟练运用"人工呼吸法"和"胸外心脏挤压法"。

　　　　　　2. 能对触电现场进行正确处理。

知识目标: 1. 掌握用电安全规范,熟悉各种用电场所操作规程。

　　　　　　2. 区分保护接地和保护接零。

　　　　　　3. 了解触电类型及危害。

知识准备

一、电流对人体的危害

1. 电流大小对人体的影响

通过人体的电流越大,人体的生理反应就越明显,感应就越强烈,引起心室颤动所需的时间就越短,致命的危害就越大。按照通过人体电流的大小和人体所呈现的不同状态,工频交流电大致分为下列 3 种:

①感觉电流:指引起人体感觉的最小电流。

②摆脱电流:指人体触电后能自主摆脱电源的最大电流。

③致命电流:指在较短的时间内危及生命的最小电流。

2. 电流频率

一般认为 40 ~ 60 Hz 的交流电对人最危险。随着频率的增加,危险性将降低。当电源频率大于 20 000 Hz 时,所产生的损害明显减小,但高压高频电流对人体仍然是十分危险的。

3. 通电时间

通电时间越长,人体电阻因出汗等原因降低,导致通过人体的电流增加,触电的危险性亦随之增加。引起触电危险的工频电流和通过电流的时间关系可用下式表示:

$$t \geqslant 1 \text{ 秒时}, I = 50 \text{ mA}$$
$$t < 1 \text{ 秒时}, I = 50/t \text{ mA}$$

4. 电流路径

电流通过头部可使人昏迷;通过脊髓可能导致瘫痪;通过心脏会造成心跳停止,血液循环中断;通过呼吸系统会造成窒息。因此,从左手到胸部是最危险的电流路径;从手到手、从手到脚也是很危险的电流路径;从脚到脚是危险性较小的电流路径。

二、人体电阻及安全电压

1. 人体电阻

人体电阻包括内部组织电阻(称体电阻)和皮肤电阻两部分。内部组织电阻是固定不变的,并与接触电压和外部条件无关,一般为 500 Ω 左右。

2. 电压的影响

从安全的角度看,确定对人体的安全条件通常不采用安全电流而采用安全电压,因为影响

1

电流变化的因素很多,而电力系统的电压是较为恒定的。当人体接触电压后,随着电压的升高,人体电阻会有所降低。若接触了高电压,则因皮肤受损破裂而会使人体电阻下降,通过人体的电流也就会随之增大。在高压情况下,即使不接触高电压,接近时也会产生感应电流,因而也是很危险的。经过实验证实,电压对人体的影响及允许接近的最小安全距离见表1.1。

表1.1　电压对人体的影响及允许接近的最小安全距离

接触时的情况		允许接近的安全距离	
电压/V	对人体的影响	电压/kV	设备不停电时的安全距离/m
10	全身在水中时跨步电压界限为10 V/m	10及以下	0.7
20	湿手的安全界限	20～35	1.0
30	干燥手的安全界限	44	1.2
50	对人的生命无危险	60～110	1.5
100～200	危险性急剧增大	154	2.0
200以上	对人的生命产生威胁	220	3.0
1 000	被带电体吸引	330	4.0
1 000以上	有被弹开而脱险的可能	500	5.0

3.安全电压

我国有关标准规定的安全电压的范围是12 V,24 V和36 V。不同场所选用的安全电压等级不同。

在湿度大、狭窄、行动不便、周围有大面积接地导线的场所(如金属容器内、矿井内、隧道内等)使用的手提照明灯,应采用12 V安全电压。凡手提照明器具、在危险环境和特别危险环境的局部照明灯、高度不足2.5 m的一般照明灯、携带式电动工具若无特殊的安全防护装置或安全措施时,均应采用24 V或36 V安全电压。

三、有关触电的基本知识

1.触电的类型

触电是指人体触及带电体后,电流对人体造成的伤害。触电有两种类型,即电击和电伤。

(1)电击

电击是指电流通过人体内部,破坏人体内部组织,影响呼吸系统、心脏及神经系统的正常功能,甚至危及生命的触电类型。

(2)电伤

电伤是指电流的热效应、化学效应、机械效应及电流本身作用造成人体伤害的触电类型。电伤会在人体皮肤表面留下明显的伤痕,常见的有灼伤、烙伤和皮肤金属化等现象。

在触电事故中,电击和电伤常会同时发生。

2.常见的触电形式

(1)单相触电

当人站在地面上或其他接地体上,人体的某一部位触及一相带电体时,电流通过人体流入大地(或中性线),称为单相触电,如图1.1所示。

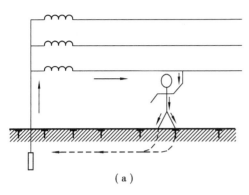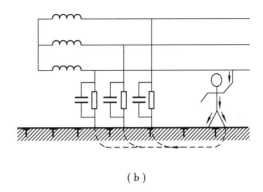

图1.1　单相触电

（a）中性点直接接地　（b）中性点不直接接地

（2）两相触电

两相触电是指人体两处同时触及同一电源的两相带电体，以及在高压系统中人体距离高压带电体小于规定的安全距离而造成电弧放电时，电流从一相导体流入另一相导体的触电方式，如图1.2所示。两相触电时加在人体上的电压为线电压，因此不论电网的中性点接地与否，其触电的危险性都很大。

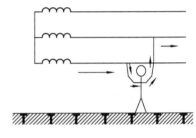

图1.2　两相触电

（3）跨步电压触电

当带电体接地时有电流向大地流散，在以接地点为圆心，半径20 m的圆面积内形成分布电位。人站在接地点周围，两脚之间（以0.8 m计算）的电位差称为跨步电压 U_k（图1.3），由此引起的触电事故称为跨步电压触电。

（4）接触电压触电

运行中的电气设备由于绝缘损坏或其他原因造成接地短路故障时，接地电流通过接地点向大地流散，会在以接地故障点为中心，半径20 m的范围内形成分布电位。当人触及漏电设备外壳时，电流通过人体和大地形成回路，造成触电事故，就导致接触电压触电。这时加在人体两点的电位差即为接触电压 U_j（按水平距离0.8 m，垂直距离1.8 m考虑），如图1.3所示。

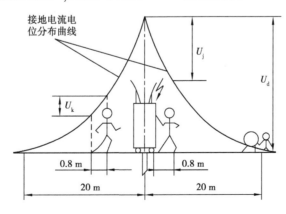

图1.3　跨步电压和接触电压

（5）感应电压触电

当人触及带有感应电压的设备和线路时所造成的触电事故称为感应电压触电。

（6）剩余电荷触电

剩余电荷触电是指当人触及带有剩余电荷的设备时,带有电荷的设备对人体放电造成的触电事故。设备带有剩余电荷,通常是由于检修人员在检修中摇表测量停电后的并联电容器、电力电缆、电力变压器及大容量电动机等设备时,检修前后没有对其充分放电所造成的。

3. 触电事故产生的原因

①缺乏用电常识,触及带电的导线。

②没有遵守操作规程,人体直接与带电体部分接触。

③由于用电设备管理不当,使绝缘损坏,发生漏电,人体碰触漏电设备外壳。

④高压线路落地会造成跨步电压,引起对人体的伤害。

⑤检修中,安全组织措施和安全技术措施不完善,接线错误,造成触电事故。

⑥其他偶然因素,如人体受雷击等。

4. 安全用电的措施

（1）组织措施

①在电气设备的设计、制造、安装、运行、使用和维护以及专用保护装置的配置等环节中,要严格遵守国家规定的标准和法规。

②加强安全教育,普及安全用电知识。

③建立健全安全规章制度,如安全操作规程、电气安装规程、运行管理规程、维护检修制度等,并在实际工作中严格执行。

（2）技术措施

①停电工作中的安全措施。在线路上作业或检修设备时,应在停电后进行,并采取切断电源、验电、装设临时地线等安全措施。

②带电工作中的安全措施。在一些特殊情况下必须带电工作时,应严格按照带电工作的安全规定进行。在低压电气设备或线路上进行带电工作时,应使用合格的有绝缘手柄的工具,穿绝缘鞋,戴绝缘手套,并站在干燥的绝缘物体上,同时派专人监护。对工作中可能碰触到的其他带电体及接地物体,应用绝缘物隔开,防止相间短路和接地短路。检修带电线路时,应分清相线和地线。高、低压线同杆架设时,检修人员离高压线的距离要符合安全距离。

此外,对电气设备还应采取下列安全措施：

①电气设备的金属外壳要采取保护接地或接零。

②安装自动断电装置。

③尽可能采用安全电压。

④保证电气设备具有良好的绝缘性能。

⑤采用电气安全用具。

⑥设立屏护装置。

⑦保证人或物与带电体的安全距离。

⑧定期检查用电设备。

四、触电急救方法

1. 解脱电源

人在触电后可能由于失去知觉或电流超过了人能摆脱的范围而不能自己脱离电源,此时抢救人员不要惊慌,要在保护自己不触电的情况下使触电者脱离电源。

①如果接触电器触电,应立即断开近处的电源,可就近拔掉插头,断开开关或打开保险盒。

②如果碰到破损的电线而触电,附近又找不到开关,可用干燥的木棒、竹竿、手杖等绝缘工具把电线挑开,挑开的电线要放置好,不要使人再触电。

③如一时不能实行上述方法,触电者又趴在电器上,可隔着干燥的衣物将触电者拉开。

④在脱离电源过程中,如触电者在高处,要防止其脱离电源后因跌伤而造成二次受伤。

⑤在使触电者脱离电源的过程中,抢救者要防止自身触电。

2. 脱离电源后的判断

触电者脱离电源后,应迅速判断其症状,根据其受电流伤害的不同程度采用不同的急救方法:

①判断触电者有无知觉。

②判断触电者的呼吸是否停止。

③判断触电者的脉搏是否搏动。

④判断触电者的瞳孔是否放大。

3. 触电的急救方法

(1)口对口人工呼吸法

人的生命的维持,主要靠心脏跳动产生血液循环,通过呼吸形成氧气与废气的交换。如果触电者受到的伤害较严重,失去了知觉,停止了呼吸,但心脏微有跳动,就应采用口对口的人工呼吸法。具体做法如下:

①迅速解开触电者的衣服、裤带,松开上身的衣服、护胸罩和围巾等,使其胸部能自由扩张,不妨碍呼吸。

②使触电者仰卧,不垫枕头,先将其头侧向一边清除其口腔内的血块、假牙及其他异物等。

③救护人员位于触电者头部的左边或右边,用一只手捏紧其鼻子,使不漏气,另一只手将其下巴拉向前下方,使其嘴张开,嘴上可盖上一层纱布,准备接受吹气。

④救护人员做深呼吸后,嘴紧贴触电者的嘴,大口吹气,同时观察触电者胸部隆起的程度,一般应以胸部略有起伏为宜。

⑤救护人员吹气至需换气时,嘴应立即离开触电者的嘴,并放松触电者的鼻子,让其自由排气。这时应注意观察触电者胸部的复原情况,倾听口鼻处有无呼吸声,从而检查其呼吸是否阻塞(见图1.4)。

(2)人工胸外挤压心脏法

若触电者所受伤害相当严重,心脏和呼吸都已停止,人已完全失去知觉,则需同时采用口对口人工呼吸和人工胸外挤压两种方法。如果现场仅有一个人抢救,可交替使用这两种方法,先胸外挤压心脏4~6次,然后口对口呼吸2~3次,再挤压心脏,反复循环进行操作。人工胸外挤压心脏的具体操作如下:

①解开触电者的衣裤,清除其口腔内的异物,使其胸部能自由扩张。

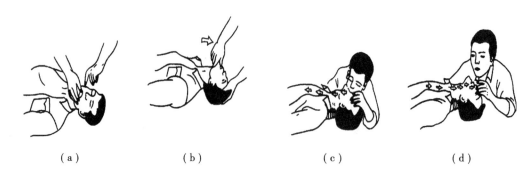

图1.4　口对口(鼻)人工呼吸法

②使触电者仰卧,姿势与口对口吹气法相同,但背部着地处的地面必须牢固。

③救护人员位于触电者一边,最好是跨跪在触电者的腰部,将一只手的掌根放在其心窝稍高一点的地方(掌根放在胸骨的下三分之一部位),中指指尖对准锁骨间凹陷处边缘,如图1.5(a)、(b)所示,另一只手压在前一只手上,呈两手交叠状(对儿童可用一只手)。

④救护人员找到触电者的正确压点,自上而下,垂直均衡地用力挤压[图1.5(c)、(d)],压出心脏里面的血液,注意用力适当。

⑤挤压后,掌根迅速放松(但手掌不要离开胸部),使触电者胸部自动复原,心脏扩张,血液又回到心脏。

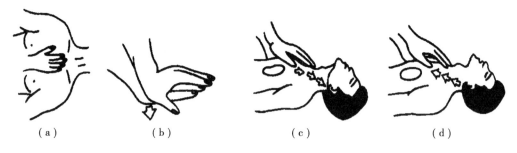

图1.5　心脏挤压法

五、保护接地与保护接零

1.保护接地和保护接零的方式及作用范围

接地,是利用大地为正常运行、发生故障及遭受雷击等情况下的电气设备等提供对地电流构成回路的需要,从而保证电气设备和人身的安全。保护接地和保护接零的方式有下面几种(图1.6),它们的具体作用也有所不同。

(1)保护接地

保护接地简称接地,是指在电源中心点不接地的供电系统中,将电气设备的金属外壳与埋入地下并且与大地良好接触的接地装置(接地体)进行可靠连接。若设备漏电,外壳上的电压将通过接地装置将电流导入大地。如果有人接触漏电设备外壳,使人体与漏电设备并联,因人体电阻远大于接地装置对地电阻 R,通过人体的电流非常微弱,从而消除了触电危险。

(2)工作接地

为了保证电气设备的正常工作,将电力系统中的某一点(通常是中性点)直接用接地装置与大地可靠地连接起来就称为工作接地。

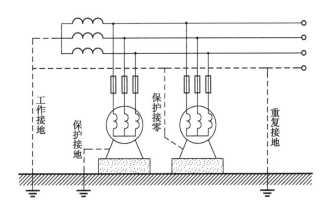

图 1.6　保护接地、工作接地、重复接地及保护接零示意图

（3）重复接地

三相四线制的零线（或中性点）一处或多处经接地装置与大地再次可靠连接,称为重复接地。

（4）保护接零

保护接零简称接零,是指电源中性点接地的供电系统中,将电气设备的金属外壳与电源零线（中性线）可靠连接。此时,若电气设备漏电致使其金属外壳带电时,设备外壳将与零线之间形成良好的通路。若有人接触金属外壳,由于人体电阻远大于设备外壳与零线之间的接触电阻,通过人体的电流必然很小,从而排除了触电危险。

2.接地装置

（1）接地装置的组成

接地装置由接地体和接地线组成。接地体可分为人工接地体和自然接地体。

（2）对接地装置的要求

为了保证接地装置能起到安全保护作用,一般接地装置应满足以下要求:

①低压电气设备接地装置的接地电阻不宜超过 4 Ω。

②低压线路零线每一重复接地装置的接地电阻不应大于 10 Ω。

③在接地电阻允许达到 10 Ω 的电力网中,每一重复接地装置的接地电阻不应超过 30 Ω,重复接地不应少于 3 处。

工作任务

课题 1.1　触电急救

训练目的

了解触电急救的有关知识,学会触电急救方法。

训练器材:

①模拟的低压触电现场。

②各种工具(含绝缘工具和非绝缘工具)。

③体操垫 1 张。

④心肺复苏急救模拟人。

训练内容

（1）使触电者尽快脱离电源

①在模拟的低压触电现场让一学生模拟触电的各种情况,要求学生两人一组选择正确的绝缘工具,使用安全快捷的方法使触电者脱离电源。

②将已脱离电源的触电者按急救要求放置在体操垫上,学习"看、听、试"的判断办法。

（2）心肺复苏急救方法

①要求学生在工位上练习胸外挤压急救手法和口对口人工呼吸法的动作和节奏。

②让学生用心肺复苏模拟人进行心肺复苏训练,根据打印输出的训练结果检查学生急救手法的力度和节奏是否符合要求(若采用的模拟人无打印输出,可由指导教师计时和观察学生的手法以判断其正确性),直至学生掌握方法为止。

训练步骤

（1）每3名同学一组,其中一人做被施救者,一人做施救者,一人观察时间及施救者的动作是否规范、适当,并做记录。

（2）进行口对口人工呼吸法训练(用模型)。

（3）进行胸外心脏挤压法训练。3名同学轮流换位,直至掌握口对口人工呼吸法和胸外心脏挤压法。

成绩评定

学生姓名＿＿＿＿＿＿

评定类型		评定内容	得　分
实训态度(15分)		态度好、认真15分,较好10分,差0分	
触电急救要领掌握(10分)		①口对口人工呼吸法要领掌握5分 ②胸外心脏挤压法要领掌握5分	
实训器材安全(5分)		器材损坏酌情扣分	
实训步骤	进行口对口人工呼吸法训练(35分)	吹气前准备工作充分14分,吹气量和换气掌握较好14分,时间掌握正确7分	
	进行胸外心脏挤压法训练(35分)	叠手姿势正确7分,挤压、放松动作规范14分,时间掌握正确7分	
总　分			

课题 1.2　消防训练

训练目的

了解扑灭电气火灾的知识,掌握主要消防器材的使用。

器材与工具

①模拟的电气火灾现场(在有确切安全保障和防止污染的前提下点燃一盆明火)。

②本单位的室内消防栓(使用前要征得消防主管部门的同意)、水带和水枪。

③干粉灭火器和泡沫灭火器(或其他灭火器)。

训练内容

（1）使用水枪扑救电气火灾

将学生分成数人一组,点燃模拟火场,让学生完成下列操作:

①断开模拟电源。

②穿上绝缘靴,戴好绝缘手套。

③跑到消防栓前,将消防栓门打开,将水带按要求滚开至火场,正确连接消防栓与水枪,将水枪喷嘴可靠接地。

④持水枪并口述安全距离,然后打开消防栓水掣将火扑灭。

(2)使用干粉灭火器和泡沫灭火器(或其他灭火器)扑救电气火灾

①点燃模拟火场。

②让学生手持灭火器对明火进行扑救(注意要求学生掌握正确的使用方法)。

③清理训练现场。

④完成技能训练报告。

学习评估

现在已经完成了这一课题的学习,希望你能对所参与的活动提出意见。

请在相应的栏目内"√"	非常同意	同意	没有意见	不同意	非常不同意
1.该课题的内容适合我的需求。					
2.我能根据课题的目标自主学习。					
3.上课投入,情绪饱满,能主动参与讨论、探索、思考和操作。					
4.教师进行了有效指导。					
5.我对自身的能力和价值有了新的认识,我似乎比以前更有自信心了。					
你对改善本项目后面课题的教学有什么建议?					

思 考 题

1.填空题

(1)一般情况下,规定安全电压为＿＿＿＿＿＿及以下,人体通过＿＿＿＿＿＿电流应会有生命危险。

(2)常见的触电方式有＿＿＿＿＿＿、＿＿＿＿＿＿和＿＿＿＿＿＿。

2.问答题

(1)什么是保护接零? 保护接零有何作用?

(2)什么是保护接地? 保护接地有何作用?

(3)发现有人触电,你可用哪些方法使触电者尽快脱离电源?

项目二 常用电工仪表、电工工具的使用方法

项目目标: 1. 能熟练使用万用表进行电阻、电压、电流等参数的测量。

    2. 能用钳形表测量大电流。

    3. 能用兆欧表检测线路和电动机的绝缘电阻。

    4. 能正确安装单相、三相电度表。

    5. 掌握常用电工工具的正确使用方法。

任务一 万用表的使用方法

技能目标: 1. 能用指针式万用表进行测量并能正确读数。

    2. 会使用数字式万用表。

知识目标: 1. 了解万用表基本结构。

    2. 理解电阻、电压、电流的基本参数。

万用表又叫多用表、复用电表,它是一种可测量多种电量的多量程便携式仪表。由于它具有测量种类多,测量范围宽,使用和携带方便,价格低等优点,因而常用来检验电源或仪器的好坏,检查线路的故障,判别元器件的好坏及数值等,应用十分广泛。万用表普遍分为指针式万用表和数字式万用表,下面分别讲述指针式、数字式万用表的结构和使用方法。

一、指针式万用表的使用方法

MF47 型万用表体积小、重量轻、便于携带,设计制造精密,测量准确度高,价格偏低且使用寿命长,因此受到了使用者的普遍欢迎。

1. MF47 型万用表面板结构及测量范围

(1)MF47 型万用表面板结构

如图 2.1 所示,MF47 型万用表面板上部是表头指针、表盘,表盘正中是机械调零旋钮,表盘下方是转换开关、欧姆调零旋钮和各种功能插孔。转换开关大旋钮位于面板下部正中,周围标有该万用表的测量功能及量程。转换开关左上角是测 PNP 和 NPN 型三极管的插孔,左下角有" + "和" − "的插孔分别为红、黑表笔插孔。大旋钮右上角为欧姆调零旋钮,它的右下角从上到下分别是 2 500 V 交直流电压和 5 A 直流测量专用红表笔插孔。

MF47 型万用表转换开关可以拨动 24 个挡位,其测量项目、量程及精度表示方法见表2.1。图 2.2 所示为 MF30 型万用表的外形结构。

(2)MF47 型万用表表头和表盘

表头是一只高灵敏度的磁电式直流电流表,有"万用表心脏"之称,万用表的主要性能指标取决于表头的性能。

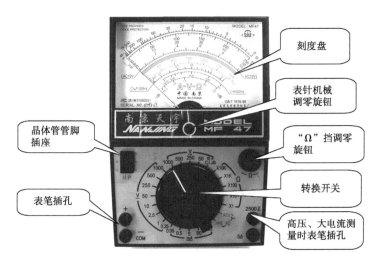

图 2.1　MF47 型万用表外形

表 2.1　MF47 型万用表技术规范

测量项目	量　　程	精度
直流电流	$0 \sim 0.05$ mA ~ 0.5 mA ~ 5 mA ~ 50 mA ~ 500 mA ~ 5 A	2.5
直流电压	$0 \sim 0.25$ V ~ 1 V ~ 2.5 V ~ 10 V ~ 50 V $\sim$ 250 V ~ 500 V $\sim 1\,000$ V $\sim 2\,500$ V	2.5 5
直交流电压	0 V ~ 10 V ~ 50 V ~ 250 V$(45 \sim 60 \sim 500$ Hz$) \sim$ 500 V $\sim 1\,000$ V $\sim 2\,500$ V$(45 \sim 65$ Hz$)$	5
直流电阻	$R \times 1, R \times 10, R \times 100, R \times 1$ k$, R \times 10$ k	2.5 10
音频电平	$-10 \sim +20$ dB	
晶体管直流电流 放大系数	$0 \sim 300$ h$_{FE}$	
电感	$20 \sim 1\,000$ H	
电容	$0.001 \sim 0.3$ μF	

表盘(图 2.3)除了有与各种测量项目相对应的 7 条标度尺外,还有各种符号。正确识读刻度标度尺和理解表盘符号、字母、数字的含义,是使用万用表的基础。

(3)刻度线功能及特点

第一条:欧姆刻度线,测电阻时读数使用,最右端为"0Ω",最左端为"∞",刻度不均匀。

第二条:交直流电压、电流刻度线,测交、直流电压、电流值时读数使用,最左端为"0",最右端下方标有 3 组数,它们的最大值分别为 250,50 和 10,刻度均匀。

第三条:交流 10 V 挡专用刻度线,交流 10 V 量程挡的专用读数标尺。

第四条:测三极管放大倍数专用刻度线,放大倍数测量范围为 0 ~ 300,刻度均匀。

第五条:电容量读数刻度线,电容量测量范围为 0.001 ~ 0.3 μF,刻度不均匀。

第六条:电感量读数刻度线,电感量测量范围为 20 ~ 1 000 H,刻度不均匀。

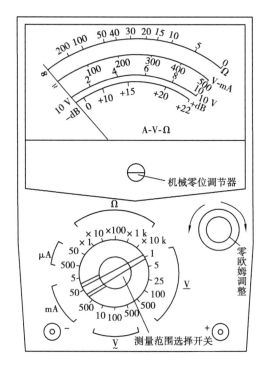

图 2.2　MF30 型万用表的外形结构

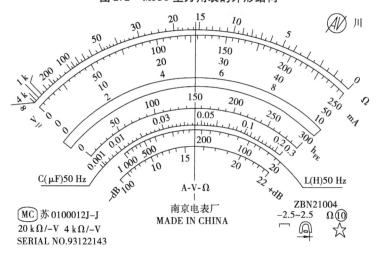

图 2.3　MF47 型万用表表盘

第七条:音频电平读数刻度线,音频电平测量范围为 - 10 ~ + 22 dB,刻度不均匀。

2. MF47 型万用表使用方法

(1)电流的测量方法

插好红、黑表笔,将转换开关置于直流电流量程范围,测试表笔串入被测电路中。万用表在接入电路之前要先在电流挡范围内选择好量程,注意所选量程要大于被测量,防止电流过大烧坏万用表。串接时要注意电流要由红表笔流入万用表,由黑表笔流出万用表,如果接反了,万用表的指针会向反方向摆动,严重时还会损坏万用表。当在电路中接好万用表以后,要等指针稳定后才可读数。

(2)电压的测量方法

插好红、黑表笔,将转换开关置于直流或交流量程范围,测试笔并入被测电路中。注意红表笔接高电位端,黑表笔接低电位端。测量直流电路部分电压时,要选择直流电压挡,所选量程要大于被测量,并且要在电路接好、指针稳定后才可读数。

(3)电阻的测量方法

插好红、黑表笔,将转换开关置于所需"Ω"量程范围,测试笔跨接在被测电阻上。在测量电阻前首先要保证被测电阻不带电,并且不得与其他导体并联。测量前或欧姆挡切换量程后都必须及时进行调零,即将红、黑表笔短接,短接时指针应该指在欧姆挡"0"位置("右零")。若不在零位,应调节欧姆调零旋钮,使指针指零。调零之后就可以将两个表笔与被测电阻的两端相接触,待指针稳定后读数。

注意,因为"Ω"标度尺为非均匀刻度,所以为保证测量精度,应使指针指在"Ω"标度尺中心标度附近。

(4)万用表的读书方法

读取数据时要先按照量程选择正确的标度尺,然后读出大刻度的数值,再读出小刻度的数值,最后估读不足最小刻度的指示值。则

$$读数 = (大刻度值 + 小刻度值 + 估读值) \times 倍率$$

其中　　　　　　　　　　　　$$倍率 = 量程 / 最大刻度值$$

例:在图 2.2 中,若选择 500 mA 的电流挡,应选用从上往下数第二条电压电流标度尺,选用最大标度为 50 的标度,该标度与量程为整数倍关系。则有

$$倍率 = 量程 / 最大刻度值$$
$$= 500/50$$
$$= 10$$
$$读数 = (大刻度值 + 小刻度值 + 估读值) \times 倍率$$
$$= (20 + 5 + 0.8) \times 10 \text{ mA}$$
$$= 258 \text{ mA}$$

3. MF47 型万用表使用注意事项

①量程转换开关必须正确选择被测量的挡位,不能错选;禁止带电转换量程开关;切忌用电流挡或电阻挡测量电压。

②在测量电流或电压时,如果对被测量电流、电压的大小心中无数,则应先选最大量程,然后再换到合适的量程上测量。

③测量直流电压或直流电流时,必须注意极性。

④测量电流时,应特别注意必须把电路断开,将表串接于电路之中。

⑤测量电阻时不可带电测量,必须将被测电阻与电路断开;使用欧姆挡时换挡后要重新调零。

⑥每次使用完后,应将转换开关拨到空挡或交流电压最高挡,以免造成仪表损坏;长期不使用时,应将万用表中的电池取出。

二、数字式万用表的使用方法

数字式万用表具有精度高、显示直观清晰、测试功能齐全、便于携带、价格适中等优点。下

面以 DT890D 型数字式万用表为例进行介绍。DT890D 型数字式万用表属中低档普及型万用表,其面板如图 2.4 所示,由液晶显示屏、量程转换开关、表笔插孔等组成。液晶显示屏直接以数字形式显示测量结果,并且还能自动显示被测数值的单位和符号,如 Ω,$k\Omega$,$M\Omega$,mV,A,μF 等,最大显示数字为 $\pm 1\,999$。图 2.5 所示为 DT840 型数字式万用表的面板结构。

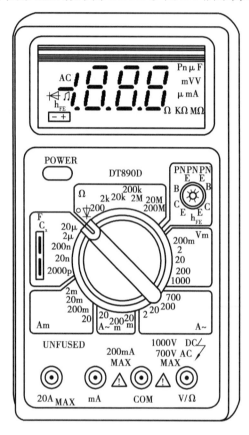

图 2.4　DT890D 型数字式万用表的外形

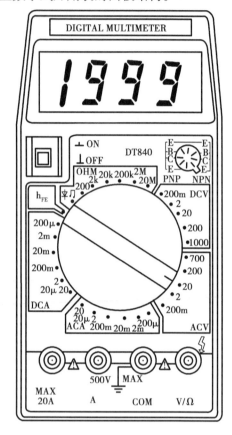

图 2.5　DT840 型数字式万用表的面板结构

1. 测量范围

数字式万用表是性能稳定、可靠性高且具有高度防震的多功能及多量程的仪表,它可用于测量交直流电压、交直流电流、电阻、电容、二极管和音频信号频率等。

2. 使用前的检查和注意事项

①使用数字式万用表前,应先估计一下被测量值的范围,尽可能选用接近满刻度的量程,这样可提高测量精度。

②数字式万用表在刚测量时,显示屏的数值会有跳数现象(类似指针式表的表针摆动),这是正常的,应当待显示数值稳定后(不超过 $1\sim2$ s)才能读数。

③数字万用表的功能多,量程挡位也多。用数字万用表测试一些连续变化的电量和过程,不如用指针式万用表方便直观。

④测 10 Ω 以下的精密小电阻时(200 Ω 挡),先将两表笔短接,测出表笔线电阻(约0.2 Ω),然后在测量中减去这一数值。

⑤测量电流时应将表笔串接在被测电路中,测量电压时应将表笔并接在被测电路中。

⑥不能测量高于 1 000 V 的直流电压和高于 700 V 的交流电压。

⑦测量高电压时要注意避免触电。

⑧测量电流时,若显示器显示"1",表示超过量程,量程转换开关应及时置于更高量程。

⑨更换电池或保险管时,应检查确信测试表笔已从电路中断开,以避免电击。

3. 数字式万用表的使用方法

操作时首先将 ON—OFF 开关置于 ON 位置。检查 9 V 电池,如果电压不足,需更换电池。

(1)直流电压(DCV)测量

将量程转换开关置于 DCV 范围,并选择量程,其量程分为 5 挡:200 mV,2 V,20 V,200 V,1 000 V。测量时,将黑表笔插入 COM 插孔,红表笔插入 V/Ω 插孔,测量时若显示器上显示"1",表示过量程,应重新选择量程。

(2)交流电压(ACV)测量

将量程转换开关置于 ACV 范围,并选择量程,其量程分为 5 挡:200 mV,2 V,20 V,200 V,700 V。测量时,将黑表笔插入 COM 插孔,红表笔插入 V/Ω 插孔。测量时不允许超过额定值,以免损坏内部电路。显示值为交流电压的有效值。

(3)直流电流(DCA)测量

将量程转换开关转到 DCA 位置,并选择量程,其量程分为 4 挡:2 mA,20 mA,200 mA,10 A。测量时,将黑表笔插入 COM 插孔,当测量最大值为 200 mA 时,红表笔插入 mA 插孔;当测量最大值为 20 A 时,红表笔插入 A 插孔。注意测量电流时,应将万用表串入被测电路。

(4)交流电流(ACA)测量

将量程转换开关转到 ACA 位置,选择量程,其量程分为 4 挡:2 mA,20 mA,200 mA,10 A。测量时,将测试表笔串入被测电路,黑表笔插入 COM 插孔,当测量最大值为 200 mA 时,红表笔插入 mA 插孔;当测量最大值为 20 A 时,红表笔插入 A 插孔。显示值为交流电压的有效值。

(5)电阻测量

电阻挡量程分为 7 挡:200 Ω,2 kΩ,20 kΩ,200 kΩ,2 MΩ,20 MΩ,200 MΩ。测量时,将量程转换开关置于 Ω 量程,将黑表笔插入 COM 插孔,红表笔插入 V/Ω 插孔。注意在电路中测量电阻时应切断电源。

(6)电容测量

电容挡量程分为 5 挡:2 000 pF,20 nF,200 nF,2 μF,20 μF。测量时,将量程转换开关置于 CAP 处,将被测电容插入电容插座中,注意不能利用表笔测量。测量容量较大的电容时,稳定读数需要一定的时间。

(7)二极管测试及带蜂鸣器的连续性测试

测试二极管时,只需将量程转换开关置于二极管的测试端,显示器显示二极管的正向压降近似值。

(8)晶体管 h_{FE} 的测试

将量程转换开关置于 h_{FE} 量程,确定 NPN 或 PNP,将 E,B,C 分别插入相应插孔。

(9)音频频率测量

音频频率测量分为两挡:2 kHz,20 kHz。测量时,将量程转换开关置于 kHz 量程,黑表笔插入 COM 插孔,红表笔插入 v/Ω/f 插孔,将测试笔连接到频率源上,直接在显示器上读取频率值。

（10）温度测试

温度测试分为 3 挡：－20～0 ℃，0～400 ℃，400～1 000 ℃。测试时，将热电偶传感器的冷端插入温度测试座中，热电偶的工作端置于待测物上面或内部，可直接从显示器上读取温度值。

任务二　钳形表的使用方法

技能目标：1. 能用钳形表测量大电流并能正确读数。

2. 会正确选用钳形表挡位。

知识目标：1. 了解钳形表的基本结构。

2. 理解钳形表的工作原理。

如果用电流表测量电流，需要将线路开路测量，这样很不方便，因此可以用一种不断开线路又能测量电流的仪表，这就是钳形电流表。

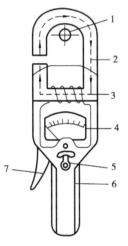

图 2.6　钳形电流表
1—被测导线；2—铁芯；
3—二次绕组；4—表头；
5—量程调节开关；6—胶木手柄；
7—铁芯开关

1. 钳形电流表的工作原理

钳形电流表是根据电流互感器的原理制成的，其外形像钳子一样，如图 2.6 所示。

2. 钳形电流表的使用方法

将被测线路从铁芯的缺口放入铁芯中，这条导线就等于电流互感器的一次绕组，然后闭合钳口，被测导线的电流就在铁芯中产生交变磁感应，使二次绕组感应出与导线流过的电流成一定比例的二次电流，在表盘上显示出来，于是可以直接读数。

3. 使用钳形电流表的注意事项

①进行电流测量时，被测载流导线的位置应放在钳口中央，以免产生误差。

②测量前应先估计被测电流大小，选择合适的量程，或先选用较大的量程测量，然后再视被测电流的大小减小量程。

③测量后一定要把调节开关置于最大量程处，以免下次使用时，由于未选择量程而损坏仪表。

④测量单相电流时，只能钳入一根线，而不能将两根线都钳入，否则电流为零；测试三相电流时，钳入两根相线，则电流会扩大两倍。

⑤如果被测电路的电流小于 5 A，为了方便读数，可以将导线在钳口多绕几圈，然后才闭合钳口测量并读数，实际电流值应是读数除以绕在钳口的圈数。

任务三　兆欧表的使用方法

技能目标: 1.会正确使用兆欧表。

　　　　　2.能用兆欧表测量电动机的绝缘电阻。

知识目标: 1.了解兆欧表的基本结构。

　　　　　2.了解兆欧表的工作原理。

1.兆欧表的结构

兆欧表(又叫摇表)是一种简便、常用的测量高电阻的仪表,主要用来检测供电线路、电机绕组、电缆、电器设备等的绝缘电阻,以便检验其绝缘程度的好坏。常见的兆欧表主要由作为电源的高压手摇发电机和磁电式流比计及接线柱(L,E,G)3部分组成,兆欧表的外形和工作原理如图2.7所示。

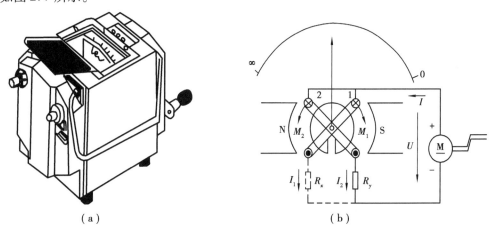

图2.7　兆欧表的外形和工作原理

（a）外形　（b）工作原理

2.兆欧表使用前的准备

在使用兆欧表前应进行以下准备工作:

①检查兆欧表是否正常。

②检查被测电气设备和线路,看其是否已全部切断电源。

③测量前应先对设备和线路放电,以免设备或线路的电容放电危及人身安全和损坏兆欧表,同时还可以减少测量误差。

3.兆欧表的使用方法

兆欧表的正确使用要点如下:

①兆欧表必须水平放置于平稳、牢固的地方,以免在摇动时因抖动和倾斜产生测量误差。

②接线必须正确无误,接线柱"E"(接地)、"L"(线路)和"G"(保护环或称屏蔽端子)与被测物的连接线必须用单根线,要求绝缘良好,不得绞合,表面不得与被测物体接触。

③摇动手柄的转速要均匀,一般规定为120 r/min,允许有±20%的变化,但不应超过25%。通常要摇动1 min,待指针稳定后再读数。

④测量完毕,应对设备充分放电,否则容易引起触电事故。

⑤严禁在雷电时或附近有高压导体的设备上测量绝缘电阻,只有在设备不带电又不可能受其他电源感应而带电的情况下才可进行测量。

⑥兆欧表未停止转动之前,切勿用手去触及设备的测量部分或兆欧表接线柱。

⑦应定期校验兆欧表,其方法是直接测量有确定值的标准电阻,检查其测量误差是否在允许范围之内。

4.兆欧表的使用注意事项

①兆欧表测量用的接线要选用绝缘良好的单股导线,测量时两条线不能绞在一起,以免导线间的绝缘电阻影响测量结果。

②测量完毕后,兆欧表没有停止转动或被测设备没有放电之前,不可用手接触被测部位,也不可去拆除连接导线,以免引起触电。

任务四 电度表的使用方法

技能目标:1.会正确使用电度表。

2.能用电度表测量电动机的绝缘电阻。

知识目标:1.了解电度表的基本结构。

2.了解电度表的工作原理。

电度表是计量电能的仪表,即能测量某一段时间内所消耗的电能。电度表按用途分为有功电度表和无功电度表两种;按结构分为单相表和三相表两种。

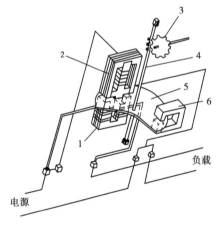

图2.8 单相电度表的结构示意图
1—电流元件;2—电压元件;
3—蜗轮蜗杆传动机构;4—转轴;
5—铝盘;6—永久磁铁

1.电度表的结构

电度表的种类虽不同,但其结构是一样的。它由两部分组成:一部分是固定的电磁铁,另一部分是活动的铝盘。电度表都有驱动元件、转动元件、制动元件、计数机构等部件。单相电度表的结构如图2.8所示。

(1)驱动元件

驱动元件由电压元件(电压线圈及其铁芯)和电流元件(电流线圈及其铁芯)组成。

(2)转动元件

转动元件由可动铝盘和转轴组成。

(3)制动元件

制动元件是一块永久磁铁,在转盘转动时产生制动力矩,使转盘转动的转速与用电器的功率大小成正比。

(4)计数机构

计数机构又叫计算器,它由蜗杆、蜗轮、齿轮和字轮组成。

2. 电度表的工作原理

当通入交流电,电压元件和电流元件两种交变的磁通穿过铝盘时,在铝盘内感应产生涡流,涡流与电磁铁的磁通相互作用,产生一个转动力矩,使铝盘转动。

3. 电度表的安装和使用要求

①电度表应按设计装配图规定的位置进行安装,应注意不能安装在高温、潮湿、多尘及有腐蚀气体的地方。

②电度表应安装在不易受震动的墙上或开关板上,墙面上的安装位置以不低于 1.8 m 为宜。

③为了保证电度表工作的准确性,必须严格垂直装设。

④电度表的导线中间不应有接头。

⑤电度表在额定电压下,当电流线圈无电流通过时,铝盘的转动不超过 1 转,功率消耗不超过 1.5 W。

⑥电度表装好后,开亮电灯,电度表的铝盘应从左向右转动。

⑦单相电度表的选用必须与用电器总瓦数相适应。

⑧电度表在使用时,电路不容许短路,用电器总功率超过额定值的 125%。

⑨电度表不允许安装在 10% 额定负载以下的电路中使用。

4. 电度表的接线

(1)单相电度表的接线

在低压小电流电路中,电度表可直接接在线路上,如图 2.9(a)所示。在低压大电流电路中,若线路负载电流超过电度表的量程,则须经电流互感器将电流变小,即将电度表间接连接到线路上,如图 2.9(b)所示。

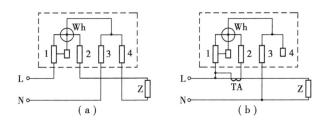

图 2.9　单相电度表的接线方法

(a)直接接入　(b)经电流互感器接入

Wh—单相功率表;Z—负载;TA—电流互感器

(2)三相二元件电度表的接线

三相二元件电度表的直接接线方式如图 2.10(a)所示,经电流互感器的接线方法如图 2.10(b)、(c)、(d)所示。

(3)三相三元件电度表的接线

三相三元件电度表(用于三相四线制)的接线方法如图 2.11 所示。图 2.12 为无功电度表的接线方法。

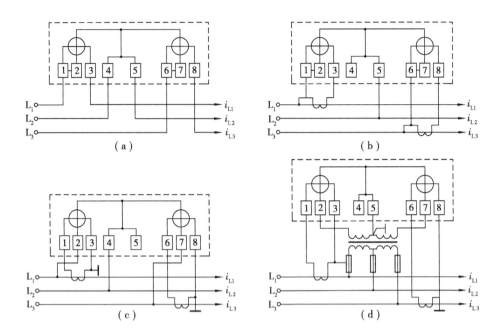

图 2.10　三相二元件电度表接线方法

（a）直接接入　（b）经电流互感器接入方法一

（c）经电流互感器接入方法二　（d）经电流互感器接入方法三

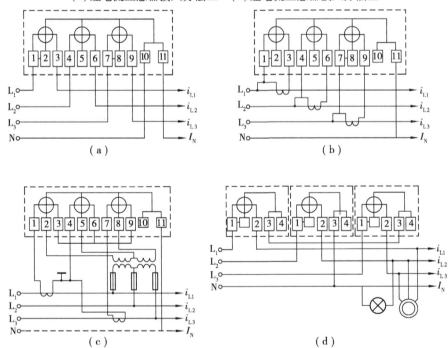

图 2.11　三相三元件电度表的接线方法

（a）直接接入　（b）经电流互感器接入

（c）经电流互感器、电压互感器接入　（d）三只单相电能表接入三相四线制接法

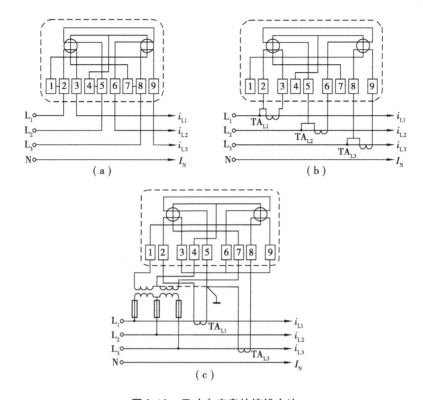

图 2.12　无功电度表的接线方法
（a）直接接入　（b）经电流互感器接入
（c）经电流互感器、电压互感器接入

5. 交流电度表常见故障及处理方法（见表 2.2）

表 2.2　交流电度表常见故障及处理方法

故障现象	原因分析	处理办法
误差超过规定	①制动磁铁位置不对,不能与作用力距平衡,造成铝盘转速不准 ②相位调节不准确,在功率因数为 0.5 时误差变大 ③摩擦补偿和电压元件位置调整不良,在轻负载时误差变大	①调整制动磁铁位置 ②调节相位 ③调整摩擦补偿和电压元件的位置
有潜动现象	出厂时调整不良	对电能表的主要技术指标进行重新调整,使无载自转达到规定要求
转盘卡住,但负载仍照常有电	①因密封不良或受震,表内有异物卡住转盘 ②轴承呆滞 ③端钮盒内小钩子松脱,电压绕组断路 ④电能表的质量不良,致使电能表转动不灵活,甚至卡住	①清洁表中的异物 ②对各转动部分加润滑油 ③检查接线盒中的各接线螺钉是否松脱 ④调换电能表
机械损伤	运输中受强烈震动,使外壳破裂,导致内部铝盘卡住不能转动	调整铝盘并调换外壳

6.新型电度表简介

（1）长寿式机械电度表

长寿式机械电度表是在充分吸收国内外电度表设计、选材和制造经验的基础上开发的新型电度表,具有宽负载、长寿命、低功耗、高精度等优点。

（2）静止式电度表

静止式电度表是借助于电子电能计量先进的机理,继承传统感应式电度表的优点,采用全屏蔽、全密封的结构,具有良好的抗电磁干扰性能,集节电、可靠、轻巧、高精度、高过载、防窃电等为一体的新型电度表。

（3）电卡预付费电度表

电卡预付费电度表又称为机电一体化预付费电度表。

（4）防窃型电度表

防窃型电度表是一种集防窃电与计量功能于一体的新型电度表,可有效地防止违章窃电行为,堵住窃电漏洞,给用电管理带来了极大的方便。

任务五　常用电工工具的使用

技能目标: 1. 能正确选用常用电工工具。

　　　　　　2. 掌握常用电工工具的使用方法,使用注意事项及工具的安全检测。

知识目标: 1. 了解常用电工工具的结构及作用。

　　　　　　2. 了解电钻的基本结构和用途。

一、通用工具

1.验电器

验电器又叫电压指示器,是用来检查导线和电器设备是否带电的工具。验电器分为高压验电器和低压验电器两种。

（1）低压验电器

常用的低压验电器是验电笔,又称试电笔,检测电压范围一般为 60～500 V,常做成钢笔式或改锥式,如图 2.13 所示。

（2）高压验电器

高压验电器属于防护性用具,检测电压范围在 1 000 V 以上,其主要组成如图 2.14 所示。

2.常用旋具和电工刀

（1）常用旋具

常用的旋具是改锥（又称螺丝刀）,它用来紧固或拆卸螺钉,一般分为一字形和十字形两种,如图 2.15 所示。

①一字形改锥:其规格用柄部以外的长度表示,常用的有 100 mm,150 mm,200 mm,300 mm,400 mm 等。

②十字形改锥:又称梅花改锥,一般分为 4 种型号,其中 Ⅰ 号适用于直径为 2～2.5 mm 的螺钉;Ⅱ,Ⅲ,Ⅳ号分别适用于直径为 3～5 mm,6～8 mm,10～12 mm 的螺钉。

③多用改锥:是一种组合式工具,既可作改锥使用,又可作低压验电器使用,此外还可用来

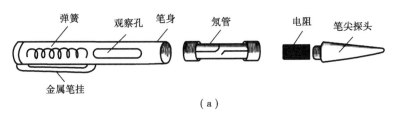

（a）

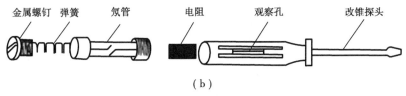

（b）

图 2.13　验电笔

（a）钢笔式验电笔　（b）改锥式验电器

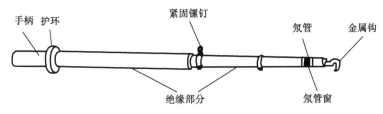

图 2.14　高压验电器

（a）　　　　　　　　　　（b）

图 2.15　改锥

（a）一字形改锥　（b）十字形改锥

进行锥、钻、锯、扳等。它的柄部和螺钉旋具是可以拆卸的,并附有规格不同的螺钉旋具、三棱锥体、金力钻头、锯片、锉刀等附件。

（2）电工刀

电工刀（见图 2.16）是用来剖切导线、电缆的绝缘层,切割木台缺口,削制木枕的专用工具。

图 2.16　电工刀

3.钢丝钳和尖嘴钳

（1）钢丝钳

钢丝钳是一种夹持或折断金属薄片,切断金属丝的工具。电工用钢丝钳的柄部套有绝缘套管（耐压 500 V）,其规格用钢丝钳全长的长度表示,常用的有 150 mm,175 mm,200 mm 等。钢丝钳的构造及应用如图 2.17 所示。

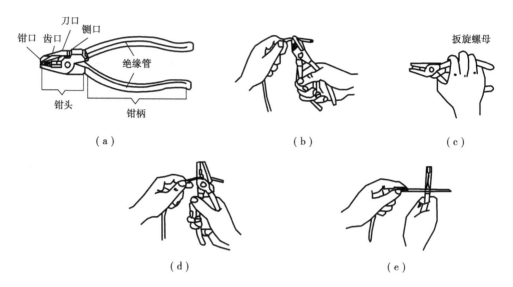

图 2.17　钢丝钳的构造及应用

(a)构造　(b)弯绞导线　(c)紧固螺母　(d)剪切导线　(e)铡切钢丝

(2)尖嘴钳

尖嘴钳(图2.18)的头部"尖细",用法与钢丝钳相似,其特点是:适用于在狭小的工作空间操作,能夹持较小的螺钉、垫圈、导线及电器元件。在安装控制线路时,尖嘴钳能将单股导线弯成接线端子(线鼻子),有刀口的尖嘴钳还可剪断导线、剥削绝缘层。

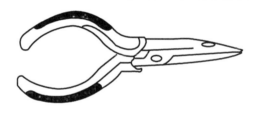

图 2.18　尖嘴钳

4.断线钳和剥线钳

(1)断线钳

断线钳[图2.19(a)]的头部"扁斜",因此又叫斜口钳、扁嘴钳或剪线钳,是专供剪断较粗的金属丝、线材及导线、电缆等用的。它的柄部有铁柄、管柄、绝缘柄之分,绝缘柄耐压为1 000 V。

(2)剥线钳

剥线钳[图2.19(b)]是用来剥落小直径导线绝缘层的专用工具。它的钳口部分设有几个刀口,用以剥落不同线径的导线绝缘层。其柄部是绝缘的,耐压为500 V。

5.扳手

(1)活动扳手

活动扳手(简称活扳手,图2.20)是用于紧固和松动螺母的一种专用工具,主要由活扳唇、呆扳唇、扳口、蜗轮、轴销等构成,其规格以长度(mm)×最大开口宽度(mm)表示,常用的有

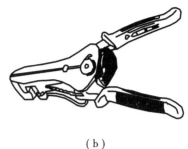

（a）　　　　　　　　　　　　　（b）

图 2.19　断线钳和剥线钳

（a）断线钳　（b）剥线钳

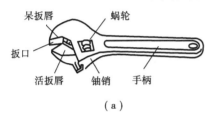

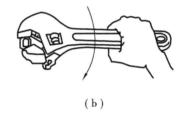

（a）　　　　　　　　　　　　　（b）

图 2.20　活扳手的构造及使用

（a）构造　（b）使用

$150 \times 19(6 \text{ in}①)$、$200 \times 24(8 \text{ in})$、$250 \times 30(10 \text{ in})$、$300 \times 36(12 \text{ in})$ 等几种。

（2）固定扳手

固定扳手（简称呆扳手）的扳口为固定口径，不能调整，但使用时不易打滑。

二、常用防护用具

1. 绝缘棒

绝缘棒主要用来闭合或断开高压隔离开关、跌落保险，以及用于进行测量和实验工作。绝缘棒由工作部分、绝缘部分和手柄部分组成，如图 2.21 所示。

2. 绝缘夹钳

绝缘夹钳主要用于拆装低压熔断器等。绝缘夹钳由钳口、钳身、钳把组成，如图 2.22 所示，所用材料多为硬塑料或胶木。钳身、钳把由护环隔开，以限定手握部位。绝缘夹钳各部分的长度也有一定要求，在额定电压 10 kV 及以下时，钳身长度不应小于 0.75 m，钳把长度不应小于 0.2 m。使用绝缘夹钳时应配合使用辅助安全用具。

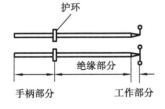

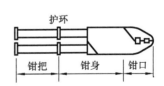

图 2.21　绝缘棒　　　　　　　　　　**图 2.22　绝缘夹钳**

---

① 　1 in = 2.54 cm。

3. 绝缘手套

绝缘手套是用橡胶材料制成的,一般耐压较高。它是一种辅助性安全用具,常配合其他安全用具使用。

4. 携带型接地线

携带型接地线也就是临时性接地线,在检修配电线路或电气设备时作临时接地之用,以防意外事故。

三、电钻

电钻的基本结构如图 2.23 所示,它主要由电动机、减速器、手柄、钻夹头或圆锥套筒及电源连接装置等部件组成。

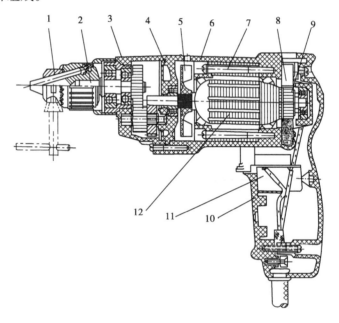

图 2.23　电钻的基本结构原理图

1—钻夹头,;2—钻轴;3—减速器,4—中间盘;5—风扇;6—机壳;

7—定子;8—碳刷;9—整流子;10—手柄;11—开关;12—转子

电钻中采用的电动机一般有单相串励电动机、三相工频异步鼠笼型电动机和三相 200 Hz 中频异步鼠笼型电动机 3 种基本形式。

电钻按其选用的电动机的形式不同可分为交直流两用串励电钻(即单相串励电钻)、三相工频电钻、三相中频电钻。三相中频电钻因需要相应的中频电源供电,目前在国内应用较少。除了上述 3 种电钻外,有些国家已逐步采用适宜于野外作业的以直流永磁电动机作动力的小型轻巧的直流永磁电钻。

电钻在工作时,需要有一定的轴向推压力,使用时可借助手柄来加力。手柄的结构随电钻的规格大小而有所不同,但也有利用电动机外壳作手柄的电钻。6 mm 的电钻一般采用手枪式结构,如图 2.24 所示。10 mm 电钻采用环式后手柄结构,如图 2.25 所示(有的在左侧再加一个螺纹联接的侧手柄)。13 ~ 23 mm 的电钻采用双侧手柄结构并带有后托架

26

（板），它的一个侧手柄直接与机壳铸成一体或用螺钉联接成一体，另一个侧手柄用圆锥螺纹联接，如图2.26所示。这种中型电钻单靠双手的推力还不够，还要利用后托架（板）用胸顶或用杠棒加力。32 mm以上的电钻采用双侧手柄结构并带有进给装置，以此来获得大的推力，如图2.27所示。

图2.24　6 mm电钻手柄外形

图2.25　环式后手柄结构外形

图2.26　带有双侧手柄和后托架的电钻外形

图2.27　带有进给装置的电钻外形

工作任务

课题2.1　万用表的使用

训练目的

(1)学会万用表的读数。

(2)学会用万用表测量交流电压。

(3)学会用万用表测量直流电压。

(4)学会用万用表测量直流电流。

(5)学会用万用表测量电阻。

训练器材

①47型万用表和数字万用表个一台。

②调压器一台。

③晶体管稳压电源一台。

④各类电阻若干。

⑤电工常用工具和导线若干。

训练步骤

（1）读数练习

如图2.28所示，根据万用表指针的位置读取各相应的值，填入表2.3中。

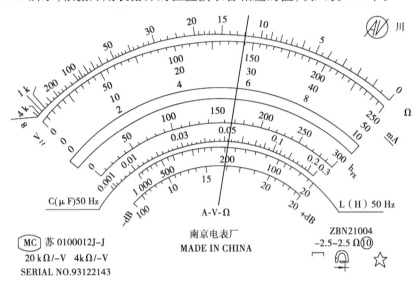

图2.28　依照指示读取各相应值

表2.3　万用表读数练习表

转换开关		读　数	转换开关		读　数
V	10		mA	0.05	
	50			0.5	
	250			5	
	500			50	
V̲=	2.5		Ω	500	
	10			1	
	50			10	
	250			100	
	500			1 k	
	1 000			10 k	

（2）数据测量

如图2.29所示连接电路图，a,b两端接在直流稳压电源的输出端，输出电压酌情确定。用模拟式、数字式万用表分别测量串并联网络中每两点间的直流电压、直流电流、电阻以及交流电压，并将测量结果分别填入表2.4～表2.7中。

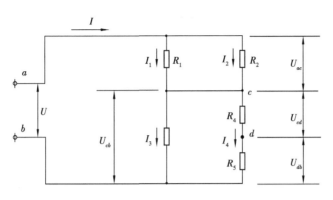

图 2.29　测试直流电流与电压的线路图

表 2.4　直流电压测量实训报告表

电压测量	U_{ab}		U_{ac}		U_{cb}		U_{cd}		U_{db}	
使用仪表	模拟	数字	模拟	数字	模拟	数字	模拟	数字	模拟	数字
仪表量程										
读数/V										
两表差值										

表 2.5　直流电流测量实训报告表

电流测量	I_1		I_2		I_3		I_4		I_5	
使用仪表	模拟	数字	模拟	数字	模拟	数字	模拟	数字	模拟	数字
仪表量程										
读数/V										
两表差值										

表 2.6　直流电阻测量实训报告表

单个电阻	R_1		R_2		R_3		R_4		R_5	
标准值	330 kΩ		470 kΩ		10 kΩ		51 kΩ		10Ω	
使用仪表	模拟	数字	模拟	数字	模拟	数字	模拟	数字	模拟	数字
欧姆倍率										
读数/Ω										
两表差值										

表2.7 交流电压测量实训报告表

测量次数	第一次		第二次		第三次		第四次		第五次	
使用仪表	模拟	数字	模拟	数字	模拟	数字	模拟	数字	模拟	数字
仪表量程										
读数/V										
两表差值										

成绩评定

学生姓名_____

项目内容	配分	评分标准	扣分	得分
实训态度	10分	态度好、认真10分,较好7分,差0分		
万用表读数	10分	读数错误每次扣2分		
交流电压测量	20分	拨错挡每次扣2分,测量结果误差太大扣2分		
直流电压测量	20分	拨错挡每次扣2分,测量结果误差太大扣2分		
直流电流测量	20分	拨错挡每次扣2分,测量结果误差太大扣2分		
电阻测量	20分	拨错挡每次扣2分,测量结果误差太大扣2分		
总　　分				

课题2.2　钳形电流表和兆欧表的使用

训练目的

(1)能正确使用钳形电流表直接测量线路电流。

(2)能用兆欧表测量电机的相间绝缘电阻和对地绝缘电阻。

训练器材与工具

钢丝钳、尖嘴钳、螺丝刀、榔头等电工工具,电动机1台、接地线若干、钳形电流表1只、兆欧表1只、接铜芯绝缘软线若干。

训练步骤

(1)将一台三相鼠笼式异步电动机接线盒拆开,取下所有接线柱之间的连接片,使三相绕组各自独立。用兆欧表测量三相绕组之间、各相绕组与机座之间的绝缘电阻,将测量结果填入表2.8中。

表2.8　测量结果

电动机			兆欧表		绝缘电阻/MΩ					
型号	功率	接法	型号	规格	U—V间	U—W间	V—W间	U相对地	V相对地	W相对地

（2）恢复有关接线柱之间的连接片,使三相绕组按出厂要求连接,将其接入三相交流电路,通电运行。用钳形电流表测量其启动电流和转速达到额定值后的空载电流,将测量结果填入表2.9中。

表2.9　电动机启动电流和空载电流

钳形电流表		启动电流		空载电流		缺相运行电流			
型号	规格	量程	读数	量程	读数	量程	读　数		
							U	V	W

成绩评定

学生姓名＿＿＿＿＿＿

项目内容	配分	评分标准	扣分	得分
实训态度	10分	态度好、认真10分,较好7分,差0分		
兆欧表读数	10分	读数错误每次扣2分		
	20分	拨错挡每次扣2分,测量结果误差太大扣2分		
	20分	拨错挡每次扣2分,测量结果误差太大扣2分		
钳形表读数	20分	拨错挡每次扣2分,测量结果误差太大扣2分		
	20分	拨错挡每次扣2分,测量结果误差太大扣2分		
总　分				

学习评估

现在已经完成了这一课题的学习,希望你能对所参与的活动提出意见。

请在相应的栏目内"√"	非常同意	同意	没有意见	不同意	非常不同意
1.该课题的内容适合我的需求。					
2.我能根据课题的目标自主学习。					
3.上课投入,情绪饱满,能主动参与讨论、探索、思考和操作。					
4.教师进行了有效指导。					
5.我对自身的能力和价值有了新的认识,我似乎比以前更有自信心了。					
你对改善本项目后面课题的教学有什么建议?					

思 考 题

1.使用万用表测量电阻时,有哪些注意事项?

2.使用万用表测量时,怎样才能保证读数误差最小?

3.指针式、数字式万用表有什么区别?

4.为什么测量绝缘电阻时要用兆欧表,而不用万用表?

5.兆欧表的结构为什么没有调零装置?

6.为什么兆欧表测量设备以后,要对被测设备进行放电?

项目三　常用低压电器的认识与拆装

项目目标:1.能根据低压电器的外形结构识别各种电器。

　　　　2.能熟练拆装典型低压电器元件。

　　　　3.能熟练维修典型低压电器元件。

　　　　4.能正确选用低压电器的型号和规格。

任务一　认识并拆装典型低压配电电器——低压开关、低压熔断器和主令电器

技能目标:1.识别和拆装各种典型低压电器。

　　　　2.正确使用常用电工工具。

知识目标:1.能够识别各种典型低压电器的功能、型号和文字图形符号。

　　　　2.能了解各种典型低压电器的工作原理。

知识准备

在电气控制电路中,往往要用到各种低压电器。低压电器是指根据使用要求及控制信号,通过一个或多个器件组合,能手动或自动分合额定电压在直流 DC1 200 V、交流 AC1 500 V 及以下的电路,以实现电路中被控制对象的控制、调节、变换、检测、保护等作用的基本器件,采用电磁原理构成的低压电器元件称为电磁式低压电器。

低压电器的作用如下:

①控制作用。如电梯的上下移动、快慢速自动切换与自动停层等。

②保护作用。能根据设备的特点,对设备、环境以及人身实行自动保护,如电机的过热保护、电网的短路保护、漏电保护等。

③检测作用。利用仪表及与之相适应的电器,对设备、电网或其他非电参数进行测量,如电流、电压、功率、转速、温度、湿度等。

④调节作用。低压电器可对一些电量和非电量进行调整,以满足用户的要求,如柴油机油门的调整、房间温湿度的调节、照度的自动调节等。

⑤转换作用。在用电设备之间转换或对低压电器、控制电路分时投入运行,以实现功能切换,如励磁装置手动与自动的转换,供电的市电与自备电的切换等。

低压电器的分类和用途见表3.1。

表3.1 低压电器的分类表

电器名称		主要品种	用 途
配电电器	刀开关	大电流刀开关	主要用于电路隔离,也能接通和分断额定电流
		熔断器式刀开关	
		板用刀开关	
		负荷开关	
	转换开关	组合开关	用作两种以上电源或负载的转换和通断电路
		换向开关	
	断路器	框架式(万能式)断路器	用于线路过载、短路或欠压保护,也可用于不频繁接通和分断电路
		塑料外壳式断路器	
		限流式断路器	
		漏电保护断路器	
	熔断器	有填料熔断器	用于线路或电气设备的短路和过载保护
		无填料熔断器	
		自恢复熔断器	
控制电器	接触器	交流接触器	主要用于远距离频繁启动或控制电动机,以及接通和分断正常工作的电路
		直流接触器	
	控制继电器	电流继电器	主要用于控制系统中,控制其他电器或作主电路的保护
		电压继电器	
		时间继电器	
		中间继电器	
		热继电器	
	主令电器	按钮	
		行程开关	
	启动器	磁力启动器	主要用于电动机的启动和正反向控制
		减压启动器	

一、电源开关

在低压电器中,电源开关起隔离电源,且作为不频繁接通和分断电路的器件。目前市场上所用的电源开关常见的有刀开关、组合开关、闸刀开关、铁壳开关、自动空气开关等,这些开关都是采用手动控制。

1.刀开关(Q)

刀开关由静插座、手柄、触刀、铰链支座和绝缘底板等组成,其外形如图3.1所示。

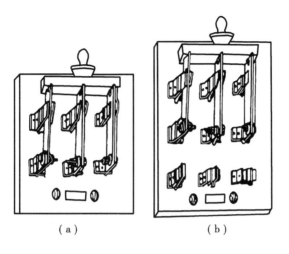

图 3.1　HD 系列、HS 系列刀开关外形图

（a）HD 系列刀开关　（b）HS 系列刀开关

按极数的多少来分,刀开关可分为单极(单刀)、双极(双刀)和三极(三刀)3 种,它们对应的电气符号如图 3.2 所示。

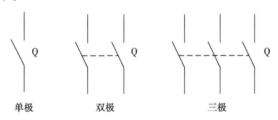

图 3.2　刀开关的图形、文字符号

2.闸刀开关(QS)

闸刀开关是把刀开关和熔断器组合在一起的开关,它既可以用来接通或断开电源,又可以起短路保护的作用,其外形如图 3.3 所示。

图 3.3　闸刀开关外观图

闸刀开关必须垂直安装在控制屏或开关板上,不能倒装,即要保证接通状态时手柄朝上,否则有可能在分断状态时闸刀开关松动落下,造成误接通。同时安装接线时,刀闸上桩头(静触头)接电源进线,下桩头接负载。接线时进线和出线不能接反,否则在更换熔断丝时会发生触电事故。

闸刀开关的电气符号如图 3.4 所示。

3. 铁壳开关(QS)

在比较恶劣的工作环境中(如粉尘飞扬的场所),为了提高绝缘等级,避免触电等事故的发生,人们通常采用铁壳开关(又叫封闭式负荷开关)。铁壳开关是在闸刀开关的基础上改进设计的一种开关,如图 3.5 所示,它由刀开关、熔断器、速断弹簧等组成,并装在金属壳内。开关采用侧面手柄操作,并设有机械连锁装置,使箱盖打开时不能合闸,刀开关合闸时,箱盖不能打开,保证了用电安全。手柄与底座间的速断弹簧使开关通断动作迅速,灭弧性能好。

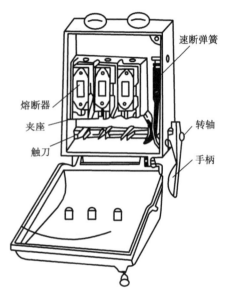

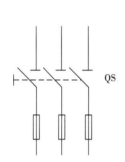

图 3.4　闸刀开关的电气符号　　　　图 3.5　铁壳开关结构图

铁壳开关的电气符号与闸刀开关的相同,在此不再赘述。

4. 组合开关(SA)

组合开关又称转换开关,它实质上是一种特殊的刀开关,只不过一般刀开关的操作手柄是垂直于安装面的平面内向上或向下转动,而转换开关的操作手柄则是在平行于其安装面的平面内向左或向右转动。它具有多触头、多位置、体积小、性能可靠、操作方便、安装灵活等特点,多用在机床电气控制线路中作为电源的引入开关,也可用作不频繁地接通和断开电路、换接电源和负载以及控制 5 kW 及以下的小容量异步电动机的正反转和星三角启动。

组合开关由多节触片分层组合而成,上部有凸轮、扭簧、手柄等零件构成的操作机构,该机构由于采用了扭簧储能,可使开关快速闭合或分断,能获得快速动作,从而提高开关的通断能力,使动静触片的分合速度与手柄旋转速度无关。组合开关的外形及内部结构如图 3.6所示。

由结构图可以看到,组合开关中有静触头,每个触头的一端固定在绝缘垫板上,另一端伸出盒外,连在接线端上,动触片套在装有手柄的绝缘轴上。转动手柄就可以接通或断开触点。

组合开关的电气符号如图 3.7 所示。

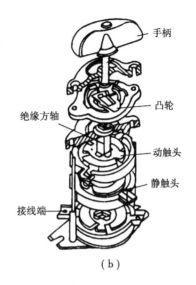

手柄

凸轮

绝缘方轴

动触头

静触头

接线端

（a） （b）

图 3.6 组合开关的外形图及内部结构图
（a）外形图 （b）内部结构图

二、熔断器（FU）

熔断器 FU（fuse）是串联在被保护的电路中，起短路保护作用。它是最简便、最有效的短路保护电器。

1. 熔断器的分类

根据不同的分类标准，可以把熔断器分为有填料熔断器、无填料熔断器、自恢复熔断器、瓷插式熔断器、螺旋式熔断器、快速熔断器等。各种熔断器的外形如图 3.8 所示。

SA

图 3.7 组合开关的电气符号

2. 电气符号

任何一类低压电器都有固定的电路符号及英文字母对应，熔断器的统一符号如图 3.9 所示。

3. 结构及使用要求

熔断器的熔片或熔丝是用电阻率较高的易熔合金（如锡铅合金），或者用截面积较小的良导体（如铜、银）制成。部分熔断器内填充有石英砂等物质，其目的是为了冷却和熄灭熔断时的电弧。

熔断器熔体的热容量很小，动作很快，宜于用作短路保护元件。在照明线路和其他没有冲击载荷的线路中，熔断器也可用作过载保护元件。

熔断器的防护形式应满足生产环境的要求，其额定电压应符合线路电压，其额定电流满足安全条件和工作条件的要求。

同一熔断器可以配用几种不同规格的熔体，但熔体的额定电流不得超过熔断器的额定电流。熔断器各接触部位应接触良好。有爆炸危险的环境不得装设电弧可能与周围介质接触的熔断器，一般环境也必须考虑防止电弧飞出的措施。不准轻易改变熔体的规格，不准使用不明规格的熔体。

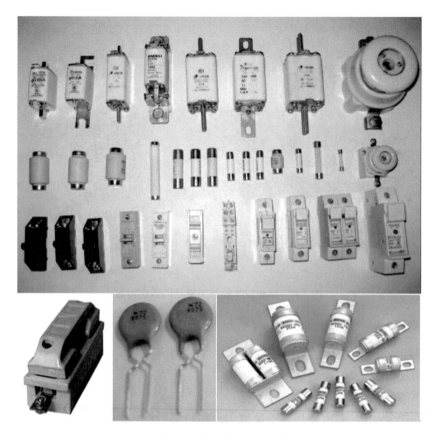

图 3.8　各种熔断器外形图

三、主令电器

1. 控制按钮

控制按钮简称按钮,是最常用的主令电器。按钮为手动控制,可作远距离电气控制使用。按钮的结构示意如图 3.10 所示,其图形及文字符号如图 3.11 所示。

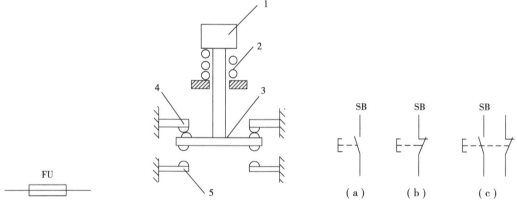

图 3.9　熔断器的
电气符号

图 3.10　按钮结构示意
1—按钮帽;2—复位弹簧;3—动触头;
4—常闭静触头;5—常开静触头

图 3.11　按钮的图形和文字符号
(a)常开按钮　(b)常闭按钮
(c)复合按钮

按钮可根据实际工作需要组成多种结构形式,如 LA18 系列按钮采用积木式结构,触头数量按需要拼装,最多可有 6 对常开触点和 6 对常闭触点。工作中为便于识别不同作用的按钮,避免误操作,GB 5226—85 对其颜色规定如下:

①停止和急停按钮:红色。按红色按钮时,必须使设备断电、停车。

②启动按钮:绿色。

③点动按钮:黑色。

④启动与停止交替按钮:必须是黑色、白色或灰色,不得使用红色和绿色。

⑤复位按钮:必须是蓝色,当其兼有停止作用时,必须是红色。

2. 行程开关

行程开关又称限位开关,用于机械设备运动部件的位置检测,是利用生产机械某些运动部件的碰撞来发出控制指令,以控制其运动方向或行程的主令电器。

行程开关从结构上可分为操作机构、触头系统和外壳 3 部分。图 3.12 所示为行程开关的外形及结构图,图中的单轮和径向传动杆式行程开关可自动复位,而双轮行程开关则不能自动复位。行程开关结构如图 3.12(b)所示,当移动物体碰撞推杆或滚轮时,通过内部传动机构使微动开关触头动作,即常开、常闭触点状态发生改变,从而实现对电路的控制。图 3.13 所示为行程开关的图形和文字符号。

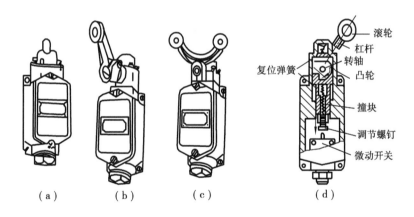

图 3.12 行程开关

(a)径向传动杆式行程开关外形 (b)单轮行程开关外形

(c)双轮行程开关外形 (d)行程开关结构示意图

3. 万能转换开关

万能转换开关主要用于低压断路操作机构的分合闸控制、各种控制线路的转换、电气量仪器的转换,也可用于小容量异步电动机的启动、调速和换向控制,还可用于配电装置线路的转换及遥控等。万能转换开关的结构如图 3.14 所示,其符号如图 3.15 所示。

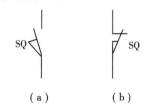

图 3.13 行程开关的图形和文字符号

(a)常开触点 (b)常闭触点

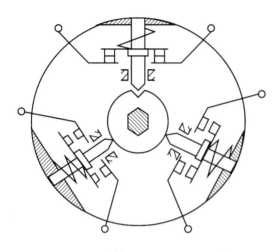

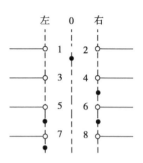

图 3.14　万能转换开关单层结构示意图

图 3.15　万能转换开关的图形符号

工作任务

课题 3.1　常用低压电器的拆装与维修(一)

训练目的

(1)熟悉常用低压配电电器和主令电器的基本结构。

(2)能对常用的开关、按钮、熔断器等低压电器进行拆装和简单维修。

训练器材

常用电工工具、刀开关、铁壳开关、转换开关、行程开关、按钮和各种熔断器若干。

训练步骤

开关类电器的拆装与维修:

(1)根据实物写出电器的名称。

(2)记录各电器元件型号,并对照认识。并将结果分别填入表3.2—表3.5中。

表 3.2　胶盖闸刀开关的基本结构

型　号	极　数	主要零部件		一相熔体接触不良故障现象
		名　称	作　用	

表 3.3　熔断器的基本结构与拆卸

熔断器	型　号	额定电流	额定电压	熔体额定电流	额定分断能力
	主要零部件名称及作用				
	熔断器拆卸步骤记录				

表 3.4　按钮开关的拆卸与检测记录

按钮开关	规　格	结构形式	触点对数	按钮颜色	额定电流
	主要零部件名称及作用				
	按钮开关拆卸步骤记录				

表 3.5　行程开关的拆卸与检测记录

行程开关	型　号	结构形式	触点对数	额定电压	额定电流
	主要零部件名称及作用				
	按钮开关拆卸步骤记录				

成绩评定

学生姓名＿＿＿＿＿＿＿

评定类别		评定内容	得分
训练态度(10分)		态度好,认真10分,较好7分,差0分	
工具仪表使用(5分)		正确5分,有不当行为酌情扣分	
实训器材安全(10分)		工具仪表损坏每次扣2分,扣完为止	
实训步骤	正确拆卸(25分)	操作适当25分,有不当行为酌情扣分	
	完成数据记录(25分)	正确25分,有不当的酌情扣分	
	好坏鉴别(25分)	鉴别正确一个给2分	
总　分			

学习评估

现在已经完成了这一课题的学习,希望你能对所参与的活动提出意见。

请在相应的栏目内"√"	非常同意	同意	没有意见	不同意	非常不同意
1.该课题的内容适合我的需求。					
2.我能根据课题的目标自主学习。					
3.上课投入,情绪饱满,能主动参与讨论、探索、思考和操作。					
4.教师进行了有效指导。					
5.我对自身的能力和价值有了新的认识,我似乎比以前更有自信心了。					
你对改善本项目后面课题的教学有什么建议?					

思 考 题

1.什么是低压电器?低压电器的种类有哪些?主要适用于什么地方?

2.试述胶盖闸刀的基本结构、接线和安装上墙要求。

3.试述转换开关的用途、主要结构及使用注意事项。

4.熔断器的作用是什么?常用类型有哪些?为什么熔断器不能做成过载保护?

任务二　认识并拆装典型低压控制电器——接触器、继电器

技能目标:1.使用常用电工工具。

2.识别和拆装 CJ10 型交流接触器。

3.识别和拆装典型热继电器。

4.认识时间继电器的外形和构造。

知识目标:1.熟悉接触器、继电器的电气符号。

2.理解各种低压控制电器的工作原理。

知识准备

一、交流接触器(KM)

接触器是利用电磁吸力及弹簧反力的配合作用,使触头闭合与断开的一种电磁式自动切换电器。它是一种自动控制电器,能在外来信号的控制下,自动接通或断开正常工作的主电路或大容量的控制电路。

常用的接触器有交流接触器(CJ 系列)和直流接触器(CZ 系列)。二者的工作原理基本相同,这里主要介绍交流接触器。

以 CJ20 系列为例说明接触器型号的含义:

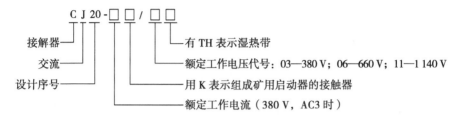

交流接触器的结构如图 3.16 所示,交流接触器的外形如图 3.17 所示。

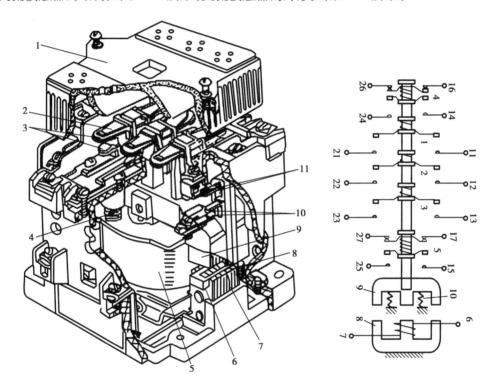

图 3.16　CJ10-20 型交流接触器

1—灭弧罩;2—触点压力弹簧片;3—主触点;4—反作用弹簧;5—线圈;6—短路环;
7—静铁芯;8—弹簧;9—动铁芯;10—辅助常开触点;11—辅助常闭触点

交流接触器由以下 4 部分组成:

①电磁机构。电磁机构由线圈、动铁芯(衔铁)和静铁芯组成。线圈通电时产生电磁吸力,使动铁芯受吸力而移动,动铁芯上的触点组随之移动,从而引起电路接通或断开。

②触点系统。按状态的不同,接触器的触点分为动合触点和动断触点。接触器线圈未通电(释放状态)时断开,而通电(吸合状态)时闭合的触点叫动合触点,反之为动断触点。按用途不同,接触器的触点又分为主触点和辅助触点。主触点用于通断主电路,通常为 3 对动合触

图 3.17　常见交流接触器外形图

点。辅助触点用于控制电路,起电气联锁作用,通常有动合触点和动断触点各 2 对。

③灭弧装置。容量在 10 A 以上的接触器都有灭弧装置。

④其他部件。包括反作用弹簧、缓冲弹簧、触点压力弹簧、传动机构及外壳等。

交流接触器的电气符号如图 3.18 所示。

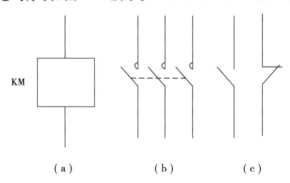

图 3.18　交流接触器的电气符号

（a）吸引线圈　（b）动合主触点　（c）动合、动断辅助触点

接触器在运行中应注意以下问题:

①工作电流不应超过额定电流,温度不得过高,分合指示应与接触器的实际状况相符,连接和安装应牢固,机构应灵活,接地或接零应良好,接触器运行环境应无有害因素。

②触头应接触良好、紧密,不得过热;主触头和辅助触头不得有变形和烧伤痕迹,触头应有足够的压力和开距;主触头同时性应良好;灭弧罩不得松动、缺损。

③声音不得过大;铁芯应吸合良好;短路环不应脱落或损坏;铁芯固定螺栓不得松动;吸引线圈不得过热;绝缘电阻必须合格。

交流接触器的工作原理如下:

当交流接触器的电磁线圈接通电源时,线圈电流产生磁场,使静铁芯产生足以克服弹簧反作用力的吸力,将动铁芯向下吸合,使常开主触头和常开辅助触头闭合,常闭辅助触头断开。主触头将主电路接通,辅助触头则接通或分断与之相联的控制电路。当接触器线圈断电时,静铁芯吸力消失,动铁芯在弹簧反作用力的作用下复位,各触头也随之复位。

二、继电器

1.继电器的结构、作用

继电器的结构和工作原理与接触器相似,也是由电磁机构和触点系统组成的,但继电器没有主触点,其触点不能用来接通和分断负载电路,而均接于控制电路,且电流一般小于5 A,故不必设灭弧装置。

继电器主要用于电路的逻辑控制,它根据输入量(如电压或电流),利用电磁原理,通过电磁机构使衔铁产生吸合动作,从而带动触点动作,实现触点状态的改变,使电路完成接通或分断控制。

2.常用继电器

继电器应用广泛,种类繁多,下面仅介绍常用的几种。

(1)热继电器

热继电器的作用:在电力拖动控制系统中,热继电器是对电动机在长时间连续运行过程中过载及断相起保护作用的电器。

热继电器的结构组成:热继电器由双金属片、热元件、动作机构、触头系统、整定调整装置和手动复位装置组成,如图3.19所示。

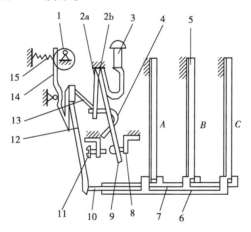

图3.19　热继电器的结构图

1—电流调节凸轮;2a,2b—簧片;3—手动复位按钮;4—弓簧;5—主双金属片;6—外导板;
7—内导板;8—常闭静触点;9—动触点;10—杠杆;11—复位调节螺钉;
12—补偿双金属片;13—推杆;14—连杆;15—压簧

热继电器的工作原理:如图3.20所示,电动机工作运行时,电动机绕组电流流过与之串接的热元件。

热继电器的型号、图形及文字符号(见图 3.21):目前我国生产并广泛使用的热继电器主要有 JR16,JR20 系列;引进产品有施耐德公司的 LR2D 系列,其特点是具有过载与缺相保护、测试按钮、停止按钮,还具有脱扣状态显示功能以及在湿热的环境中使用的强适应性。

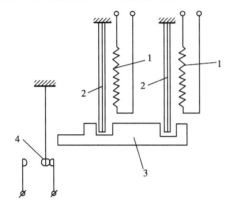

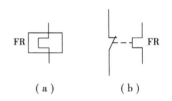

图 3.20　热继电器的工作原理示意图
1—发热元件;2—双金属片;3—导板;4—触头

图 3.21　热继电器的图形及文字符号
(a)发热元件　(b)常闭触点

以 JR20 系列为例,其型号含义如下:

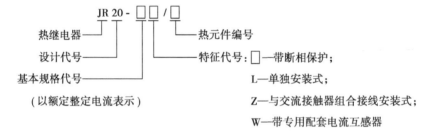

热继电器的主要参数及选用:

①热继电器的整定电流。指热元件在正常持续工作中不引起热继电器动作的最大电流值。

②热继电器额定电流。指热继电器中可以安装的热元件的最大整定电流值。

③热元件的额定电流。指热元件的最大整定电流值。

(2)时间继电器

时间继电器是一种按时间原则进行控制的继电器。它利用电磁原理,配合机械动作机构能实现在得到信号输入(线圈通电或断电)后的预定时间内的信号的延时输出(触点的闭合或断开)。时间继电器种类很多,常用的有电磁式、空气阻尼式、电动式和晶体管式等。下面以空气阻尼式时间继电器为例进行讲述。

①通电延时型。线圈通电,延时一定时间后延时触点才闭合或断开;线圈断电,触点瞬时复位。

②断电延时型。线圈通电,延时触点瞬时闭合或断开;线圈断电,延时一定时间后延时触点才复位。

JS7-A 系列时间继电器由电磁机构、工作触头、气室 3 部分组成,其工作原理如图 3.22 所示。

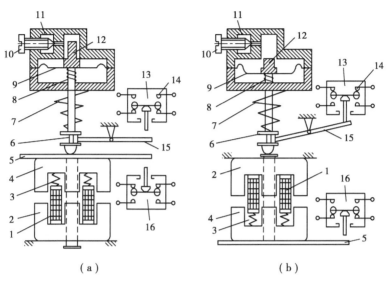

（a） （b）

图 3.22 JS7-A 系列时间继电器工作原理

（a）通电延时型 （b）断电延时型

1—线圈;2—静铁芯;3,7—弹簧;4—衔铁;5—推板;6—顶杆;8—弹簧;9—橡皮膜;
10—螺钉;11—进气孔;12—活塞;13,16—微动开关;14—延时触头;15—杠杆

图 3.22（a）中的微动开关 16 为时间继电器瞬动触头,线圈 1 通电或断电时,该触头在推板 5 的作用下均能瞬时动作。

断电延时型时间继电器的原理与结构均与通电延时型时间继电器相同,只是电磁机构翻转 180°安装。

现以我国生产的新产品 JS23 系列为例说明时间继电器的型号意义:

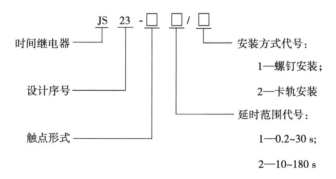

时间继电器的图形符号如图 3.23 所示。

（3）速度继电器

速度继电器根据电磁感应原理制成,主要作用是在三相交流异步电动机反接制动控制电路中作转速过零的判断元件。

图 3.24 所示为速度继电器的结构原理图。由图可知,速度继电器主要由以下 3 部分

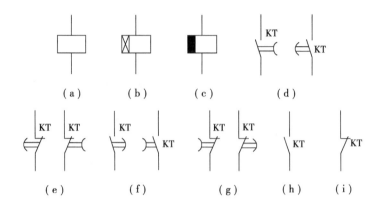

图 3.23 时间继电器的图形符号

(a)线圈一般符号 (b)通电延时线圈 (c)断电延时线圈

(d)延时闭合常开触点 (e)延时断开常闭触点 (f)延时断开常开触点

(g)延时闭合常闭触点 (h)瞬时常开触点 (i)瞬时常闭触点

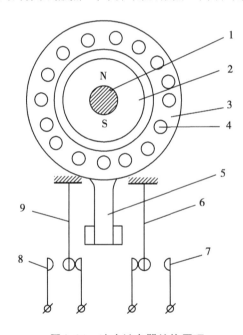

图 3.24 速度继电器结构原理

1—转轴;2—转子;3—定子;4—绕组;5—摆锤;6,9—簧片;7,8—静触点

组成:

①转子。为圆柱形永久磁铁。

②定子。为笼型空心绕组。

③触点。包括动断、动合触点。

速度继电器的图形及文字符号如图 3.25 所示。

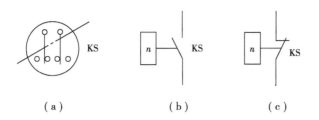

（a） （b） （c）

图 3.25 速度继电器的图形及文字符号
（a）转子 （b）常开触点 （c）常闭触点

工作任务

课题 3.2 常用低压电器的拆装与维修（二）
训练目的
(1)熟悉常用低压控制电器的基本结构。
(2)能对常用的接触器、时间继电器、热继电器等低压控制电器进行拆装和简单维修。
训练器材
常用电工工具、接触器、时间继电器、热继电器若干。

训练步骤
(1)交流接触器的拆装与维修
①发给每一位学生一个接触器,首先让学生观察,认识交流接触器的外观,特别应注意交流接触器的电磁线圈接线端、主触点接线端、常开和常闭触点接线端。
②拆卸一台交流接触器,将拆卸步骤、主要零部件名称、作用、各触点动作前后的电阻值及各类触点数量、线圈等记入表 3.6 中。

表 3.6 数据记录

型　号	规　格	拆卸步骤	主要零部件	
			名　称	作　用
触点对数				
主触点	辅助触点	动合触点	动断触点	
触点电阻				
动　合		动　断		
动作前	动作后	动作前	动作后	
电磁线圈				
线径	匝数	工作电压	直流电阻	

（2）热继电器的拆卸与维修

①发给每一位学生一个接触器，首先让学生观察，认识交流接触器的外观，特别应注意热继电器是二相保护还是三相保护。

②拆卸一台热继电器，将拆卸步骤、主要零部件名称、作用等数据记入表3.7中。

表3.7　热继电器的拆卸与检测记录

	型　号	额定电压	额定电流	相　数	热元件编号	电流调节范围
热继电器						
	主要零部件名称及作用					
	热继电器拆卸步骤记录					
	热继电器故障检测					

（3）时间继电器的拆装与维修

①发给每一位学生一个时间继电器，首先让学生观察，认识时间继电器的外观，特别应注意时间继电器的触点数量、触点额定电压及电流。

②拆卸一台热继电器，将拆卸步骤、主要零部件名称、作用等数据记入表3.8中。

表3.8　时间继电器的拆卸与检测记录

	型　号	瞬时触点数量	额定电压	额定电流	线圈电压	延时范围
时间继电器						
	主要零部件名称及作用					
	时间继电器拆卸步骤记录					
	时间继电器故障检测					

学习评估

现在已经完成了这一课题的学习，希望你能对所参与的活动提出意见。

请在相应的栏目内"√"	非常同意	同意	没有意见	不同意	非常不同意
1.该课题的内容适合我的需求。					

续表

请在相应的栏目内"√"	非常同意	同意	没有意见	不同意	非常不同意
2.我能根据课题的目标自主学习。					
3.上课投入,情绪饱满,能主动参与讨论、探索、思考和操作。					
4.教师进行了有效指导。					
5.我对自身的能力和价值有了新的认识,我似乎比以前更有自信心了。					
你对改善本项目后面课题的教学有什么建议?					

思 考 题

1.交流接触器由哪些部分组成? 试述各部分的基本结构及作用。

2.简述热继电器的主要结构和工作原理。为什么热继电器不能对电路进行短路保护?

项目四　常用电子元器件的识别及测试

项目目标: 1. 能正确识别常用电子元器件的外形。

2. 能对各种常用电子元器件进行识别与检测。

3. 能正确选用电子元器件。

任务一　电阻器的识别与检测

技能目标: 1. 能正确识别各种电阻器的外形。

2. 能通过电阻器的标识准确读出其标称阻值和允许误差。

3. 会用万用表检测电阻器的标称值和质量好坏。

知识目标: 1. 了解电阻器的命名方法。

2. 熟记色环电阻器的正确读法。

3. 理解特殊电阻器的工作原理。

知识准备

电阻器是电子电路中应用最广泛的一种元件,在电子设备中约占元件总数的50%以上,其质量的好坏对电路工作的稳定性有极大影响。在电路中起限流、分流、降压、分压、负载、阻抗匹配等作用。

一、常用电阻器和电位器的外形(图4.1—图4.3)

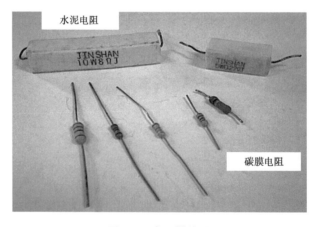

图4.1　电阻器外形

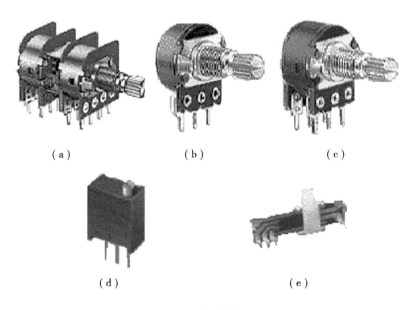

图 4.2 电位器外形

(a)四联电位器 (b)单联电位器 (c)双联电位器 (d)可调电阻 (e)推杆电位器

图 4.3 特殊电阻外形

(a)光敏电阻 (b)压敏电阻 (c)热敏电阻 (d)超小型热敏电阻

二、电阻器和电位器的型号命名法(见表 4.1)

示例 1:型号 RJ71-0.25-3.3 kΩ-I 的精密金属膜电阻器:

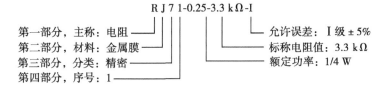

第一部分,主称:电阻
第二部分,材料:金属膜
第三部分,分类:精密
第四部分,序号:1

允许误差: I 级 ± 5%
标称电阻值: 3.3 kΩ
额定功率: 1/4 W

示例 2:22 kΩ 单联合成碳膜电位器:

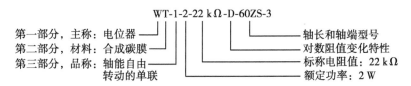

第一部分,主称:电位器
第二部分,材料:合成碳膜
第三部分,品称:轴能自由转动的单联

轴长和轴端型号
对数阻值变化特性
标称电阻值: 22 kΩ
额定功率: 2 W

表4.1 电阻器和电位器的型号命名法

第一部分		第二部分		第三部分		第四部分
用字母表示主体		用字母表示材料		用数字或字母表示特征		用数字表示序号
符号	意义	符号	意义	符号	意义	
R W	电阻器 电位器	T P U C H I J Y S N X R G M	碳膜 硼碳膜 硅碳膜 沉积膜 合成膜 玻璃釉膜 金属膜 氧化膜 有机实芯 无机实芯 线绕 热敏 光敏 压敏	1 2 3 4 5 7 8 9 G T X L W D	普通 超高频 高阻 高温 精密 电阻器——高压 电位器——特殊函数 特殊 高功率 可调 小型 测量用 微调 多圈	包括额定功率、阻值、允许误差、精度等级

三、电阻器和电位器的主要性能指标

1.额定功率

额定功率指电阻器在规定的环境温度和湿度下,假设周围空气不流通,在长期连续工作而不损坏或基本不改变电阻器性能的情况下,电阻器上允许消耗的最大功率。一般电阻器的额定功率默认为 1/8 W。

2.标称阻值及允许误差

电阻器的阻值和误差有 3 种标注方法:

①直标法。将电阻器的主要参数和技术性能用数字或字母直接标注在电阻体上。

②文字符号法。将需要标出的主要参数与技术性能用文字、数字符号有规律地组合起来标注在电阻器上。如 $0.1\ \Omega$ 标为 $\Omega1$,$3.3\ \Omega$ 标为 $3\ \Omega3$,$4.7\ k\Omega$ 标为 4k7,$10\ M\Omega$ 标为 10 M 等。

③色标法(又称色环表示法)。用不同颜色的色环来表示电阻器的阻值及误差等级,如图 4.4 所示。色标法各色环的含义见表 4.2。

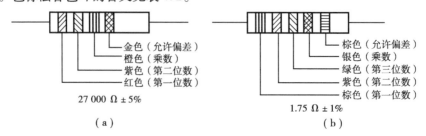

图4.4 电阻器色标法示例

表4.2　色标法各色环的含义

颜　色	第一色标： 第一个数字	第二色标： 第二个数字	第三色标： 指数	第四色标： 允许误差/%
黑	0	0	10^0	—
棕	1	1	10^1	±1
红	2	2	10^2	±2
橙	3	3	10^3	—
黄	4	4	10^4	—
绿	5	5	10^5	±0.5
蓝	6	6	10^6	—
紫	7	7	10^7	—
灰	8	8	10^8	—
白	9	9	10^9	—
金	—	—	10^{-1}	±5
银	—	—	10^{-2}	±10
无色	—	—	—	±20

四、电阻器和电位器的简单测试

1.固定电阻器的简单测试

测量电阻一般可用万用表和欧姆表。

①将万用表的量程开关选置于测量电阻的适当挡位上；

②两表笔分别接被测电阻的两端；

③看表的读数，完成测量。

2.电位器的简单测试

用万用表测量电位器的方法与测量电阻器一样,要测量它的标称阻值和其动片到每一个定片之间的阻值。在测量动片到某一个定片之间阻值时,旋转电位器转柄的过程中,表指针的变化应是连续的,不能有突变现象,否则说明动片存在接触不良故障。

工作任务

课题4.1　电阻器的识别与检测

训练目的

(1)学会识别各种常用电阻器。

(2)按电阻器的外形及标识判读标称阻值及允许误差。

(3)用万用表检测电阻值是否与标称阻值相等,检测电位器的好坏,同时进一步熟悉万用表的使用方法。

训练器材

指针式万用表1只,普通电阻20个(其中直标法、文字符号法、数码法共10个,色环电阻10个),电位器3个。电阻值可分为不同4组,便于各组之间交换检测,反复练习。

训练步骤

(1)从外观读出各个电阻器、电位器的阻值及允许误差,填入表4.3中。

(2)用万用表电阻挡测量各电阻器、电位器的阻值,填入表4.3中,同时鉴别其好坏。

表4.3　数据测量表

编　号	外表标识内容 (或各道色环的颜色)	判读结果		万用表测量的阻值	好坏鉴别
		阻　值	允许误差		
R1					
R2					
R3					
R4					
R5					
R6					
R7					
R8					
R9					
R10					
R11					
R12					
R13					
R14					
R15					
R16					
R17					
R18					
R19					
R20					
W1					
W2					
W3					

成绩评定

学生姓名_____

评定类别		评定内容	得 分
训练态度(10分)		态度好,认真10分,较好7分,差0分	
万用表使用(5分)		正确5分,有不当行为酌情扣分	
实训器材安全(10分)		万用表损坏扣2分,丢失或损坏一个电阻扣1分,扣完为止	
实训步骤	外观检测(25分)	阻值识读正确1个给0.5分,允许误差识读正确一个给0.5分	
	万用表检测(25分)	测量阻值正确一个给1分	
	好坏鉴别(25分)	鉴别正确一个给1分	
总 分			

学习评估

现在已经完成了这一课题的学习,希望你能对所参与的活动提出意见。

请在相应的栏目内"√"	非常同意	同意	没有意见	不同意	非常不同意
1.该课题的内容适合我的需求。					
2.我能根据课题的目标自主学习。					
3.上课投入,情绪饱满,能主动参与讨论、探索、思考和操作。					
4.教师进行了有效指导。					
5.我对自身的能力和价值有了新的认识,我似乎比以前更有自信心了。					
你对改善本项目后面课题的教学有什么建议?					

思 考 题

1.电阻器参数的标注方法有哪几种?

2.怎样判别电阻器的好坏?

3.怎样判别电位器的好坏?

4.用万用表测电位器的阻值变化时,若移动动片时阻值有突变现象,说明电位器的质量怎样? 为什么?

任务二　电容器的识别与检测

技能目标：1.能正确识别各种电容器的外形。
　　　　　2.能通过电容器的标识准确读出其标称容量和耐压值。
　　　　　3.会用万用表检测电阻器。
知识目标：1.了解电容器的命名方法。
　　　　　2.理解电容器的构造及工作特性。
　　　　　3.了解电容器在不同电路中的作用。

知识准备

两块彼此绝缘的金属板就构成一个最简单的电容器。电容器是一种存储电荷的器件,在电路中用于耦合、滤波、旁路、调谐和能量转换,也是电子设备中常用的电子元器件之一。

一、电容器的外形和分类

按介质不同,可分为空气介质电容器、纸介电容器、有机薄膜电容器、瓷介电容器、玻璃釉电容器、云母电容器、电解电容器;按结构不同,可分为固定电容器、半可变电容器、可变电容器等。

1.固定电容器

固定电容器的外形和图形符号如图4.5所示。

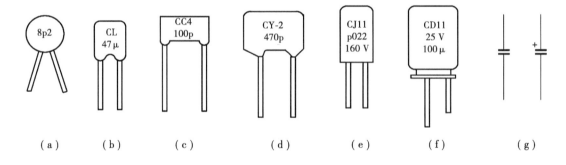

图4.5　固定电容器的外形和图形符号
(a)瓷介质电容器　(b)涤纶电容器　(c)独石电容器　(d)云母电容器
(e)金属化纸介电容器　(f)铝电解电容器　(g)电容的图形符号

2.半可变电容器

半可变电容器又称微调电容器或补偿电容器,其特点是容量可在小范围内变化,可变容量通常在几 pF 或几十 pF 之间。图4.6所示为常用半可调电容器的外形和图形符号。

3.可变电容器

可变电容器由若干片形状相同的金属片并接成一组(或几组)定片和一组(或几组)动片,它的容量可在一定范围内连续变化。

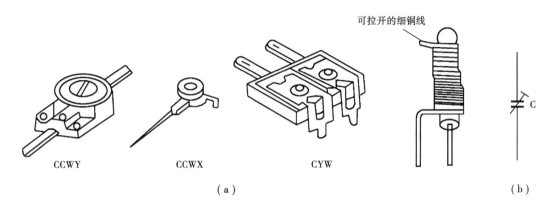

图4.6 常用半可调电容器的外形和图形符号

（a）外形 （b）图形符号

二、电容器的型号命名法（见表4.4）

表4.4 电容器的型号命名法

第一部分		第二部分		第三部分		第四部分
用字母表示主体		用字母表示材料		用字母表示特征		用字母或数字表示符号
符号	意义	符号	意义	符号	意义	
C	电容器	C	瓷介	T	铁电	包括品种、尺寸代号、温度特性、直流工作电压、标称值、允许误差、标准代号
		I	玻璃釉	W	微调	
		O	玻璃膜	J	金属化	
		Y	云母	X	小型	
		V	云母纸	S	独石	
		Z	纸介	D	低压	
		J	金属化纸	M	密封	
		B	聚苯乙烯	Y	高压	
		F	聚四氟乙烯	C	穿心式	
		L	涤纶（聚酯）			
		S	聚碳酸酯			
		Q	漆膜			
		H	纸膜复合			
		D	铝电解			
		A	钽电解			
		G	金属电解			
		N	铌电解			
		T	钛电解			
		M	压敏			
		E	其他材料电解			

电容器的型号示例：

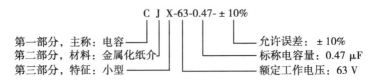

C J X-63-0.47- ±10%

第一部分，主称：电容 —— 允许误差：±10%
第二部分，材料：金属化纸介 —— 标称电容量：0.47 μF
第三部分，特征：小型 —— 额定工作电压：63 V

三、电容器的主要性能指标

1. 标称容量与允许误差

（1）容量的数字标注方法

用 3 位整数表示，第一、二位为电容量的有效数字，第三位为有效数字后面加零的个数，单位为 pF，如 223 表示 22 000 pF 的电容量。

（2）容量的文字表示法

将容量的整数部分写在容量单位标注符号的前面，小数部分写在容量单位标注符号的后面。例如：3p3 = 3.3pF，1μ1 = 1.1μF，2n2 = 2.2nF。

（3）误差标注方法

①将容量的允许误差直接标在电容器上；

②用罗马数字"Ⅰ"、"Ⅱ"、"Ⅲ"分别标注在电容器上表示允许误差为 ±5%，±10%，±20%；

③用英文字母表示允许误差等级。D,F,G,J,K,M,N,P,S,Z 分别表示 ±0.5%，±1%，±2%，±5%，±10%，±20%，±30%，±1 000%，±5 020%，±8 020%。

（4）容量误差的色标标注法

其标注原则与电阻色标法相同。

2. 额定工作电压

耐压或额定工作电压，表示电容器在使用时允许加在其两端的最大电压值。使用时，外加电压最大值一定要小于电容器的耐压值，通常取额定工作电压的 2/3 以下。耐压值一般直接标注在电容器上。

四、电容器的简单测试方法

1. 电解电容的测试

（1）电容量的测量

用数字万用表的电容测试挡位选取适当的量程，即可以直接测量出电容的容量。

（2）测电容器漏电电流

将数字万用表的欧姆挡置于较大挡位，将其两个表笔接到电容的两端，这时看到显示数字，然后逐渐变到显示"1"的状态，则说明电容的漏电流基本正常。再将两表笔反过来接到电容器的两端，若看到显示的数字首先为负，然后变成正的，最后也显示"1"的状态，说明电容器储存电荷的功能正常。

2. 非电解电容器的测试

对于非电解电容器的测试，一般直接使用数字万用表的电容测试挡位对电容量进行测量。

工作任务

课题 4.2 电容器的识别与检测

训练目的

(1)学会识别各种常见电容器。

(2)按电容器外壳上的标注读出其容量、误差及耐压。

(3)能用万用表检测电容器的好坏。

训练器材

指针式、数字式万用表各 1 只。无极性电容器 15 只(每种标注方法各 3 只)、电解电容器 5 只,单、双联可变电容器各一只,损坏了的电容器 5 只。

训练步骤

(1)从外观读出各只电容器的容量、误差、耐压,并填入表 4.5 中。

(2)用指针式万用表和数字式万用表分别测量每只电容器,并判定其好坏,且将检测结果填入表 4.5 中。

表 4.5 数据测量表

类别	编号	外观识别			指针式万用表检测			数字表检测	好坏鉴别
		容量	误差	耐压	挡位	指针回转至终点时的阻值	指针右偏至最大时的阻值		
无极性电容	C1								
	C2								
	C3								
	C4								
	C5								
	C6								
	C7								
	C8								
	C9								
	C10								
	C11								
	C12								
	C13								
	C14								
	C15								

续表

类别	编号	外观识别			指针式万用表检测			数字表检测	好坏鉴别
		容量	误差	耐压	挡位	指针回转至终点时的阻值	指针右偏至最大时的阻值		
电解电容	C16								
	C17								
	C18								
	C19								
	C20								
可变电容	C21								
	C22								
坏电容	C23								
	C24								
	C25								

成绩评定

学生姓名_____

评定类别		评定内容	得　分
训练态度(5分)		态度好、认真10分,较好7分,差0分	
实训器材安全(5分)		万用表损坏扣2分,丢失或损坏一个电容扣1分,扣完为止	
实训步骤	外观检测(25分)	阻值识读正确1个给0.5分,允许误差识读正确一个给0.5分	
	指针万用表检测(30分)	检测正确一个给1分	
	数字表检测(15分)	检测正确一个给1分	
	好坏鉴别(15分)	鉴别正确一个给1分	
总　分			

学习评估

现在已经完成了这一课题的学习,希望你能对所参与的活动提出意见。

请在相应的栏目内"√"	非常同意	同意	没有意见	不同意	非常不同意
1.该课题的内容适合我的需求。					
2.我能根据课题的目标自主学习。					
3.上课投入,情绪饱满,能主动参与讨论、探索、思考和操作。					
4.教师进行了有效指导。					
5.我对自身的能力和价值有了新的认识,我似乎比以前更有自信心了。					
你对改善本项目后面课题的教学有什么建议?					

思考题

1. 电容器参数的标注方法有哪几种?
2. 怎样判别无极性电容器的好坏?
3. 怎样判别电解电容器的好坏?
4. 在外观识别和万用表检测中,总结1~3条小经验(书面)并与同学交流。

任务三　晶体管的识别与检测

技能目标:1.能正确识别各种晶体管的外形。

　　　　　　2.能通过外形判别晶体管。

　　　　　　3.会用万用表检测二极管的正负极和判别质量。

　　　　　　4.能应用万用表判别三极管的类型、各引脚以及性能检测。

知识目标:1.理解 PN 节的单向导电性。

　　　　　　2.了解二极管的性能参数。

　　　　　　3.了解三极管各引脚电流的关系。

知识准备

半导体分立器件包括二极管、三极管、场效应管等器件。它们具有体积小、重量轻、耗电省、启动快、寿命长、成本低、使用方便等优点。

一、国产半导体器件型号命名方法

示例1:二极管 2CZ11A 的型号意义如下:

示例2:三极管3DG6B的型号意义如下:

二、半导体二极管

1.半导体二极管的分类

①按其用途不同可分为整流二极管、检波二极管、稳压二极管、变容二极管、光敏二极管;

②按其制作材料不同可分为锗二极管和硅二极管;

③按其制作工艺的不同可分为点接触二极管和面接触二极管。

2.常用二极管的外形及符号(图4.7)

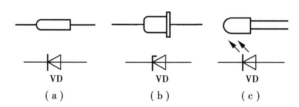

图4.7　常用二极管的外形及图形符号

(a)普通二极管　(b)稳压二极管　(c)发光二极管

3.二极管的主要参数

(1)反向饱和电流 I_S

反向饱和电流指二极管未击穿时的反向电流,其值越小,二极管的单向导电性越好。I_S 值随温度增加而增加,使用时要注意。

(2)最大整流电流 I_F

最大整流电流指二极管长期运行时允许通过的最大正向平均电流。

(3)最大反向工作电压 V_{RWM}

最大反向工作电压指正常使用时允许加在二极管两端的最大反向电压。

4.二极管的简单测试

用数字万用表来测试普通二极管是十分方便的,它可以判断普通二极管的阳、阴极性,二极管的好坏,是硅管还是锗硅等。只要使用数字万用表的"二极管"挡(以下简称通断挡)分别测试二极管的管压降就可以进行以上判断。

(1)好坏的判别

如果数字万用表的两次读数均显示"1",则被测元件已经损坏或它根本就不是二极管。

当两次读数有一次显示".2××~.7××"(×表示任意数字),另一次显示"1"时,说明二极管是好的。

(2)材料的判别

如果两次读的数字中有一次显示为.2××~.4××表示是锗管,如果显示为.5××~.7××表示是硅管。

(3)正负极性的判别

在两次测量中,有数字显示的那次测量,数字万用表红表笔所接的一端为二极管的阳极,黑表笔所接的一端为阴极。

当然,判断二极管的阳极阴极也可以用观察的方法,一般二极管的外壳上均印有箭头、色点、色环等标志,箭头所指向的方向或靠近色环的一端为阴极,有色点的一端为阳极。

三、半导体三极管

1. 三极管的分类与外形

按所用的半导体材料分有硅管和锗管(硅管多为NPN型,锗管多为PNP型);按结构分有NPN管和PNP管,如图4.8所示;按其用途又分为低频管、中频管、高频管、超高频管、小功率管(功率小于1 W)、中功率管、大功率管和开关管等;按封装形式分有玻璃壳封装管、金属壳封装管、塑料封装管等,如图4.9所示。

2. 三极管的简单测试

用数字万用表可以十分方便地判断出三极管的三极、管芯类型(NPN,PNP)以及测量其 β 值。

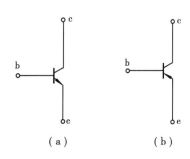

图4.8 晶体管的结构和符号
(a)NPN (b)PNP

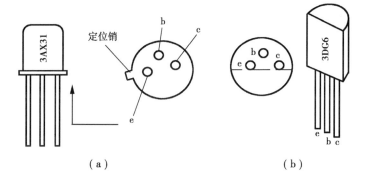

图4.9 金属壳与塑料壳三极管外形图
(a)金属壳三极管外形 (b)塑料壳三极管外形

(1)判别基极

将数字万用表的一支表笔接在晶体三极管的假定基极上,另一只表笔分别接触另外两个电极,如果两次测量在液晶屏上显示的数字均为 0.1~0.7 V,则说明晶体三极管的两个 PN 结处于正向导通,此时假定的基极即为晶体三极管的基极,另外两电极分别为集电极和发射极;如果只有一次显示 0.1~0.7 V 或一次都没有显示,则应重新假定基极再次测量,直到测出基极为止。

（2）三极管类型、材料的判定

基极确定后,红表笔接基极的为 NPN 型三极管,黑笔接基极的为 PNP 型三极管;PN 结正向导通时的结压降在 0.1～0.3 V 的为锗材料三极管,结压降在 0.5～0.7 V 的为硅材料三极管。

（3）集电极和发射极的判定

有两种方法进行判定:一种是用二极管挡进行测量,由于晶体三极管的发射区掺杂浓度高于集电区,所以在给发射结和集电结施加正向电压时,PN 压降不一样大,其中发射结的结压降略高于集电结的结压降,由此判定发射极和集电极。

另一种方法是使用 hFE 挡来进行判断。在确定了三极管的基极和管型后,将三极管的基极按照基极的位置和管型插入到 β 值测量孔中,其他两个引脚插入到余下的三个测量孔中的任意两个,观察显示屏上数据的大小,找出三极管的集电极和发射极。交换位置后再测量一下,观察显示屏所示数值的大小,反复测量 4 次,对比观察,以所测的数值最大的一次为准,就是三极管的电流放大系数 β,相对应插孔的电极即是三极管的集电极和发射极。

工作任务

课题 4.3　晶体三极管、二极管管脚识别及简易测试

训练目的

（1）练习晶体三极管、二极管器件手册的查阅,熟悉晶体三极管、二极管的类别、型号、规格及主要性能。

（2）掌握用万用表识别晶体三极管、二极管的电极的方法并进行简易测试。

训练器材

半导体器件手册,不同类型、规格的晶体三极管、二极管若干,万用表一只。

训练步骤

（1）观看样品,熟悉各种晶体三极管、二极管的外形（封装形式）、结构和标志。

（2）查阅半导体手册,列出所给晶体三极管、二极管的类别、型号及主要参数。

（3）用万用表判别所给二极管的电极及质量好坏,记录所用万用表的型号、挡位及测得的二极管正、反向电阻读数值。

（4）用万用表判别所给三极管的管脚、类型,用万用表的 hFE 挡测量比较不同三极管的电流放大系数,并将测试结果记入表4.6 中。

表4.6　测量记录表

被测元件	序号	型号	元件类别	封装形式	管子电极或参数	万用表型号及挡位
二极管						

被测元件	序号	型号	元件类别	封装形式	管子电极或参数	万用表型号及挡位
晶体管						

学习评估

现在已经完成了这一课题的学习,希望你能对所参与的活动提出意见。

请在相应的栏目内"√"	非常同意	同意	没有意见	不同意	非常不同意
1.该课题的内容适合我的需求。					
2.我能根据课题的目标自主学习。					
3.上课投入,情绪饱满,能主动参与讨论、探索、思考和操作。					
4.教师进行了有效指导。					
5.我对自身的能力和价值有了新的认识,我似乎比以前更有自信心了。					
你对改善本项目后面课题的教学有什么建议?					

思 考 题

1.如何用万用表判别二极管的极性?

2.如何用数字式万用表判别三极管的极性、引脚及质量好坏?

3.简述三极管在电路中有哪些作用。

任务四　晶闸管的识别与检测

技能目标:1.能正确识别各种晶闸管的外形。

　　　　　　2.会用万用表判别晶闸管各引脚。

知识目标: 1. 了解晶闸管的构造及外形。

2. 了解单向可控硅的工作特性。

3. 理解晶闸管的工作原理。

知识准备

一、晶闸管的外形识别

晶闸管整流元件是一种功率型半导体器件,又称可控硅。按工作电流和适用条件不同,常用的晶闸管有螺旋式和平板式两种,其外形结构如图4.10所示。

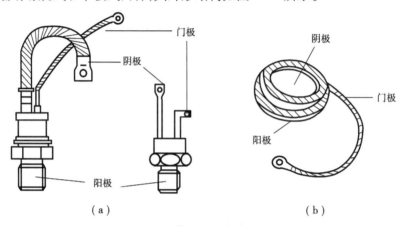

图4.10 常用晶闸管外形

(a)螺旋式晶闸管 (b)平板式晶闸管

二、晶闸管的简易测试

(1)晶闸管的电极判别

将万用表置于 $R \times 100$ 挡上分别测量晶闸管的任意两引脚间的电阻值。随两表笔的调换共进行6次测量,其中5次万用表的读数应为无穷大,一次读数为几十欧姆。读数为几十欧姆的那一次,黑表笔接的是控制极 G,红表笔接的是阴极 K,剩下的引脚便为阳极 A。若在测量中不符合以上规律,则说明晶闸管好坏或不良。

(2)晶闸管阴极和阳极间的性能测试

选用万用表 $R \times 1 \text{ k}\Omega$ 挡,测量阴极和阳极间的正反向电阻,如图4.11所示。

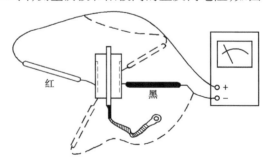

图4.11 晶闸管阴极和阳极间的性能测试

（3）门极断路与短路测试

用万用表 $R \times 1$ 挡或 $R \times 10$ 挡测量门极与阴极间的电阻，然后将表笔对调测量，如图4.12所示。

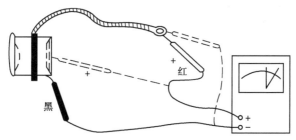

图4.12 门极断路与短路测试

（4）注意事项

①测量时，应把引出线端的氧化层清除干净，不准两手同时接触两个表笔的测试触端。

②晶闸管元件门极和阴极之间的二极管特性并不太理想，加反向电压测量时，不是完全呈阻断状态，尤其当温度较高时，可能有较大电流流过。因此，有时测得门极与阴极反向阻值较小，并不说明门极特性不好，这时必须观察晶闸管的综合性能。

③为防止电压过高，使门极反向击穿，进行门极与阴极测量时，通常选用万用表的 $R \times 10$ 或 $R \times 1$ 挡。

工作任务

课题4.4 晶闸管的识别及简易测试

训练目的

学会检测晶闸管的各引脚及质量好坏。

训练器材

半导体器件手册，不同类型、规格的晶闸管若干，万用表一只。

训练步骤

（1）熟练识读晶闸管的外形和结构。

（2）用万用表检测不同晶闸管，将测量结果填入表4.7中。

表4.7

编号	外表标识	判断结果	晶闸管引脚排列	性能好坏的鉴别
1				
2				
3				
4				
5				
6				
7				
8				
9				
10				

学习评估

现在已经完成了这一课题的学习,希望你能对所参与的活动提出意见。

请在相应的栏目内"√"	非常同意	同意	没有意见	不同意	非常不同意
1.该课题的内容适合我的需求。					
2.我能根据课题的目标自主学习。					
3.上课投入,情绪饱满,能主动参与讨论、探索、思考和操作。					
4.教师进行了有效指导。					
5.我对自身的能力和价值有了新的认识,我似乎比以前更有自信心了。					
你对改善本项目后面课题的教学有什么建议?					

思 考 题

1.简述三极管的检测方法。

2.如何用数字万用表检测二极管的好坏?

项目五　三相异步交流电机的基本控制线路及其安装调试、故障处理

项目目标: 1. 识读三相异步电机控制系统的原理图。

2. 使用常用电工工具,电工仪表。

3. 识别、标识、使用三相异步电机控制系统元器件、导线。

4. 安装三相异步电动机基本电气控制线路。

5. 分析、排除三相异步电机控制系统线路常见故障。

任务一　点动、连续运行控制线路安装调试

技能目标: 1. 能识读电动机点动和连续运行控制原理图及电气接线图。

2. 能正确安装线路,并符合电气安装工艺。

知识目标: 1. 理解电动机的点动和连续运行控制原理。

2. 熟悉低压电气的符号和作用。

知识准备

一、电气控制线路图的识读

1. 电气原理图

按电路的功能来划分,控制线路可分为主电路和辅助电路。一般把交流电源和起拖动作用的电动机之间的电路称为主电路,它由电源开关、熔断器、热继电器的热元件、接触器的主触头、电动机以及其他按要求配置的启动电器等电气元件连接而成。

电气控制线路图涉及大量的元器件,为了表达电气控制系统的设计意图,便于分析系统工作原理,安装、调试和检修控制系统,电气控制线路图必须采用符合国家统一标准的图形符号和文字符号。

电气原理图是用图形符号和项目代号表示电器元件连接关系及电气工作原理的图形,它是在设计部门和生产现场广泛应用的电路图。图 5.1 所示的是某机床电气控制系统的电气原理图实例。

在识读电气原理图时应注意以下几点绘制规则:

①电气原理图电路可水平或垂直布置。

②一般将主电路和辅助电路分开绘制。

③电气原理图中的所有电器元件不画出实际外形图,而采用国家标准规定的图形符号和文字符号表示,同一电器的各个部件可据实际需要画在不同的地方,但用相同的文字符号标注。

④在原理图上可将图分成若干图区,以便阅读查找。

冷却泵电动机	主轴电动机	摇臂升降电动机	立柱松紧电动机	零压保护	主轴启动	摇 臂		立 柱	
						上升	下降	放松	夹紧

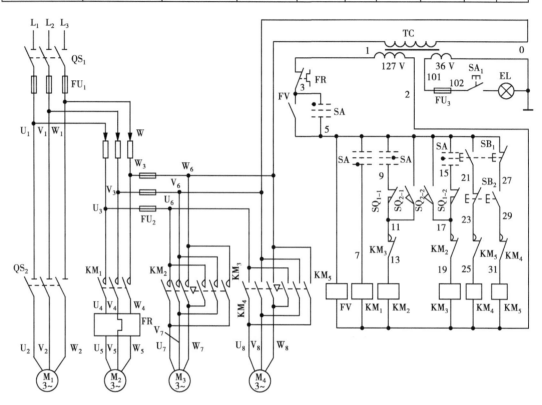

图5.1 某机床电气控制系统的电气原理图

2.电气安装图

电气安装图用来表示电气设备和电器元件的实际安装位置,是机械电气控制设备制造、安装和维修必不可少的技术文件。安装图可集中画在一张图上,或将控制柜、操作台的电器元件布置图分别画出,但图中各电器元件的代号应与有关原理图和元器件清单上的代号相同。在安装图中,机械设备轮廓是用双点划线画出的,所有可见的和需要表达清楚的电器元件及设备用粗实线绘出其简单的外形轮廓。安装图中的电器元件不需标注尺寸。某机床电气安装图如图5.2所示。

3.电气接线图

电气接线图用来表明电气设备各单元之间的接线关系,主要用于安装接线、线路检查、线路维修和故障处理,在生产现场得到广泛应用。识读电气接线图时应熟悉绘制电气接线图的4个基本原则:

①各电器元件的图形符号、文字符号等均与电气原理图一致。

②外部单元同一电器的各部件画在一起,其布置基本符合电器实际情况。

③不在同一控制箱和同一配电屏上的各电器元件的连接是经接线端子板实现的,电气互连关系以线束表示,连接导线应标明导线参数(数量、截面积、颜色等),一般不标注实际走线途径。

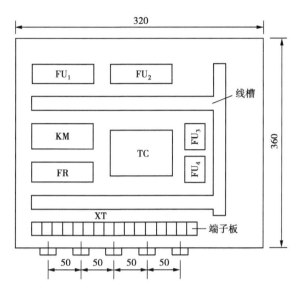

图5.2 某机床电气安装图

④对于控制装置的外部连接线应在图上或用接线来表示清楚,并标明电源引入点。图5.3是某设备的电气接线图。

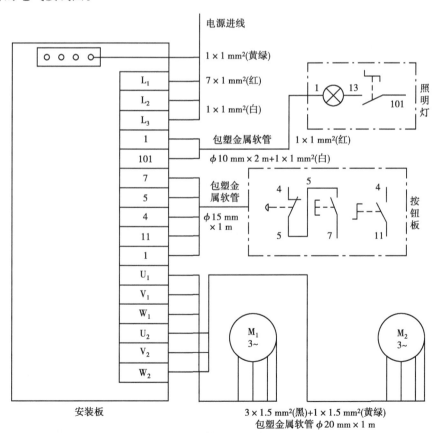

图5.3 某设备的电气接线图

4.电气原理图的电气常态位置

在识读电气原理图时,一定要注意图中所有电器元件的可动部分通常表示的是在电器非激励或不工作时的状态和位置,即常态位置。其中常见的器件状态有:

①继电器和接触器的线圈处在非激励状态。

②断路器和隔离开关在断开位置。

③零位操作的手动控制开关在零位状态,不带零位的手动控制开关在图中规定的位置。

④机械操作开关和按钮在非工作状态或不受力状态。

⑤保护用电器处在设备正常工作状态。

5.原理图中连接端上的标志和编号

在电气原理图中,三相交流电源的引入线采用 L_1,L_2,L_3 来标记,中性线以 N 表示。电源开关之后的三相交流电源主电路分别按 U,V,W 顺序标记,分级三相交流电源主电路采用代号 U,V,W 的前面加阿拉伯数字1,2,3 等标记,如1U,1V,1W 及2U,2V,2W 等。电动机定子三相绕组首端分别用 U,V,W 标记,尾端分别用 U′,V′,W′ 标记。双绕组的中点则用 U″,V″,W″标记。

6.控制线路原理图中的其他规定

在设计和施工图中,主电路部分以粗实线绘出,辅助电路则以细实线绘制。完整的电气原理图还应标明主要电器的有关技术参数和用途。例如电动机应标明其用途、型号、额定功率、额定电压、额定电流、额定转速等。

二、点动控制线路

实际生产中,生产机械常需点动控制,如机床调整对刀和刀架、立柱的快速移动等。所谓点动,是指按下启动按钮,电动机转动;松开按钮,电动机停止运动。与之对应的,若松开按钮后能使电动机持续工作,则称为长动。区分点动与长动的关键是控制电路中控制电器得电后能否自锁,即是否具有自锁触点。点动控制线路如图 5.4 所示。

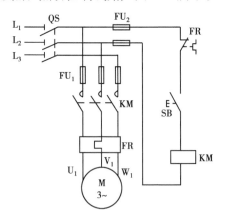

图5.4 点动控制线路

1.工作原理

电动机启动时,刀开关 QS 置于闭合位置,三相电源引入。按下启动按钮 SB,接触器线圈 KM 得电,产生磁场,接触器 KM 主触头闭合,电动机得电启动。松开按钮 SB,接触器 KM 线圈断电,接触器 KM 主触头断开,电动机停止。

2. 保护环节

（1）短路保护

熔断器 FU_1，FU_2 分别作主电路和控制线路的短路保护，当线路发生短路故障时能迅速切断电源。

（2）过载保护

热继电器 FR 作电动机控制电路的过载保护，通常生产机械中需要持续运行的电动机均设有过载保护，其特点是过载电流越大，保护动作越快，但不会受电动机启动电流影响而动作。

（3）失压和欠压保护

依靠接触器自身电磁机构实现失压和欠压保护。

三、连续运行控制电路

1. 电路组成

连续运行控制电路如图 5.5 所示，图中左侧为主电路，由刀开关 QS、熔断器 FU_1、接触器 KM 主触点、热继电器 FR 的热元件和电动机 M 构成；右侧控制线路由熔断器 FU_2、热继电器 FR 常闭触点、停止按钮 SB_1、启动按钮 SB_2、接触器 KM 常开辅助触点和它的线圈构成。

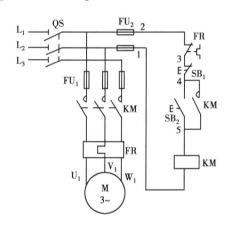

图 5.5 电动机连续运行控制电路

2. 工作原理

电动机启动时，刀开关 QS 置于闭合位置，三相电源引入。按下启动按钮 SB_2，接触器线圈 KM 得电，产生磁场，接触器 KM 主触头闭合，电动机得电启动。同时，接触器 KM 常开辅助触头闭合，实现自锁，电动机连续运行。

3. 保护环节

（1）短路保护

熔断器 FU_1，FU_2 分别作主电路和控制线路的短路保护，当线路发生短路故障时能迅速切断电源。

（2）过载保护

热继电器 FR 作电动机控制电路的过载保护，通常生产机械中需要持续运行的电动机均设有过载保护，其特点是过载电流越大，保护动作越快，但不会受电动机启动电流影响而动作。

工作任务

课题 5.1 电动机连续运行控制线路安装

训练目的

(1)进一步熟悉常用低压电器的结构及触点系统。

(2)学会安装电动机连续运行控制电路,熟悉电气布线,并能排除简易故障。

(3)理解安全文明生产的重要性。

训练器材

常用电工工具、动断按钮、动合按钮、交流接触器、热继电器、主电路和控制电路熔断器、隔离开关、电动机、接线排、导线适量。

训练步骤

(1)按图 5.5 所示电路清理并检测所需元件,将元件型号、规格、质量检查情况记入表5.1 中。

表 5.1

元件名称	型　号	规　格	数　量	是否合用
接触器				
启动按钮				
停止按钮				
热继电器				
主电路熔断器				
控制电路熔断器				
隔离开关				
电动机				

(2)按图 5.5 所示电路认真识别主电路和控制电路,并区分主电路和控制电路导线颜色,并将主电路和控制电路所需导线根数填入表 5.2 中。

表 5.2

导　线	主电路	控制电路
颜　色		
导线根数		

(3)在事先准备好的配电板上将上述准备好的器材和导线按照图 5.5 所示电路和工艺要求完成电路板接线。

(4)在已安装完工后,经检查合格,通电试运行,观看电动机的运行情况。

(5)在通电运行、动作无误的电路上,人为设置故障并通电运行,观察故障现象,并将故障现象记入表 5.3 中。

表 5.3

故障设置元件	故障点	故障现象
接触器 KM	线圈端子接触松脱	
接触器 KM_Y	自锁点不能接触	
接触器 $KM_\triangle$	联锁点不能接触	
接触器 KM_Y	一相主触点不能接触	
接触器 $KM_\triangle$	自锁触点不能接触	

成绩评定

学生姓名_____

项　目	考核要求	检测结果	配　分	评分细则	得　分
接线	严格按照原理图接线		20	不按原理图接线不得分,每错一处扣2分	
外观质量	布线横平竖直,转角圆滑呈90°		6	一处不合格扣一分,以此类推,扣完为止	
	长线沉底,走线成束		2	不符合要求不得分	
	线槽引出线不交叉		2	交叉一处扣1分	
	选线正确		2	不符合要求不得分	
线头处理	线头不裸露		1	线头裸露1 mm一处扣1分	
	羊眼圈弯曲正确		1	弯曲过大不得分	
	线头处理良好		1	线头凌乱一处扣1分	
	线头不松动		1	线头松动一处扣1分	
安全文明操作	穿好工作服		1	不穿工作服扣1分	
	不乱打乱敲		1	敲击木螺钉扣1分	
	爱护电器元件		2	损坏元件扣2分	
	遵守实作室纪律		2	不遵守纪律扣1~2分	
电路检查	理清并检测所需元件		10	错误一处扣1分	
	按工艺要求完成安装		10	错误一处扣1分	
	通电合格		20	试板不成功酌情扣分	
故障排除	人为设置1~2处故障		18	酌情扣分	

学习评估

现在已经完成了这一课题的学习,希望你能对所参与的活动提出意见。

请在相应的栏目内"√"	非常同意	同意	没有意见	不同意	非常不同意
1.该课题的内容适合我的需求。					
2.我能根据课题的目标自主学习。					
3.上课投入,情绪饱满,能主动参与讨论、探索、思考和操作。					
4.教师进行了有效指导。					
5.我对自身的能力和价值有了新的认识,我似乎比以前更有自信心了。					
你对改善本项目后面课题的教学有什么建议?					

思 考 题

1.画出具有自锁功能的单向连续运转控制电路的电路原理图,并说明其组成和工作原理。

2.在电力拖动电路中,在主电路上已安装了熔断器进行保护,为什么还要装热继电器?

任务二　正反转控制线路安装与调试

技能目标:1.能正确识读电动机正反转控制原理图及电气接线图。

　　　　　2.能正确安装线路,并符合电气安装工艺。

　　　　　3.能自己分析故障原因并排除故障。

知识目标:1.掌握实现电动机正反转的方法。

　　　　　2.理解电动机正反控制原理。

知识准备

生产实践中,许多设备均需要两个相反方向的运行控制,如机床工作台的进退、升降以及主轴的正反向旋转等,此类控制均可通过电动机的正转与反转来实现。由电动机原理可知,电动机三相电源进线中任意两相对调,即可实现电动机的反向运转。

1.电路组成

通常情况下,电动机正反可逆运行操作的控制线路如图5.6所示。

图5.6中的启动按钮均为复合按钮,该电路为按钮、接触器双重联锁的控制电路。

这里要指出的是,接触器 KM_1 和 KM_2 的主触点绝对不允许同时闭合,否则将造成两相电源(L_1 和 L_2)短路故障。为了保证一个接触器得电动作时,另一个接触器不能得电动作,以避

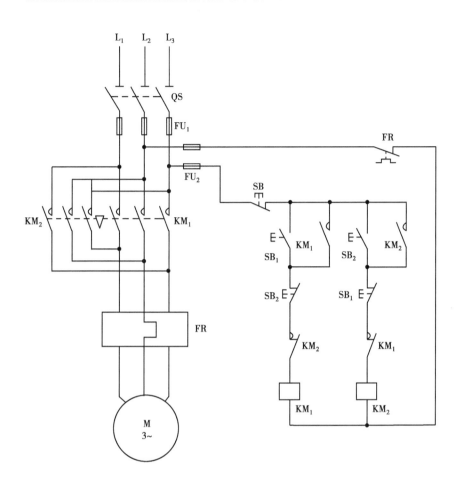

图5.6　正反转控制线路

免电源的相间短路,就在正转控制电路中串接了反转接触器 KM_2 常闭辅助触点,而在反转控制电路中串接了正转接触器 KM_1 的常闭辅助触点。这样,当 KM_1 得电动作时,串在反转控制电路中的 KM_1 常闭触点分断,切断了反转控制电路,保证了 KM_1 主触点闭合时,KM_2 的主触点不能闭合。同理,当 KM_2 得电动作时,KM_2 的常闭触点分断,切断正转控制电路,从而避免了两相电源短路事故的发生。像上述这种在一个接触器得电动作时,通过其常闭触点使另一个接触器不能得电动作的作用叫联锁(或互锁)。实现联锁动作的常闭触点称为联锁触点(或互锁触点)。

2. 工作原理

(1)正转控制

$$按下正转按钮SB_1 \rightarrow KM_1线圈得电 \begin{cases} \rightarrow KM_1自锁触头闭合 \\ \rightarrow KM_1主触头闭合 \rightarrow 电动机M正转 \\ \rightarrow KM_1互锁触头断开 \end{cases}$$

（2）反转控制

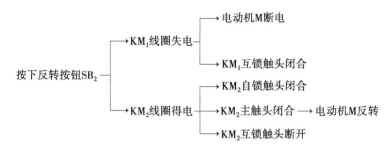

（3）停止控制

按下 SB,控制电路失电,KM_1（或 KM_2）主触点断开,电动机 M 失电停转。

工作任务

课题 5.2　电动机双重联锁正反转控制线路安装及故障排除

训练目的

（1）会选择、安装及标识正反转控制线路的元器件。

（2）能安装正反转控制线路。

（3）能调试正反转控制线路。

训练器材

常用电工工具、铅笔、三联按钮盒、交流接触器、热继电器、主电路和控制电路熔断器、隔离开关、电动机、接线排、导线适量。

训练步骤

（1）熟悉电气原理图,理解"自锁"和"联锁"的含义。

（2）按图 5.6 所示电路,清理并检测所需元件,将元件型号、规格、质量检查情况记入表 5.4 中。

表 5.4

元件名称	型　号	规　格	数　量	是否合用
接触器				
三联按钮盒				
热继电器				
主电路熔断器				
控制电路熔断器				
隔离开关				
电动机				

（3）根据电气原理图,设计布置各元件的位置和线路走向。

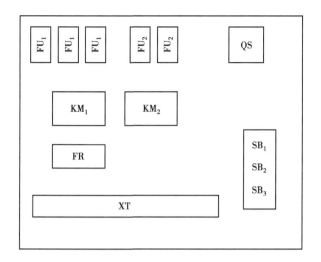

（4）经教师检查后，先按元件布置图安装好各元件，再按相关配线工艺进行配线。布线原则及要求为"横平竖直，分布均匀；以接触器为中心由里向外，由低向高；先控制电路，后主电路"。

（5）配线完成后，对照电气原理图自检。

（6）交给指导教师检查无误后，带上电动机通电试车。

（7）常见故障分析及处理。

故障设置：在控制电路或主电路中人为设置电气自然故障两处。

教师示范检修：教师进行检修时，可将下述检修步骤及思路贯穿其中，直到故障排除。

①用实验法来观察电动机的运行情况、接触器的动作情况和线路的工作情况等，如发现有异常情况，应马上断电检查。

②用逻辑分析法缩小故障范围，并在电路图上用虚线标出故障部位的最小范围。

③用测量法正确、迅速地找出故障点。

④根据故障点的不同情况，采用正确的修复方法，迅速排除故障。

⑤排除故障后通电试车。

学生检修：教师示范检修后，再由指导教师重新设置两个故障点，让学生进行检修。在学生检修的过程中，教师可以进行启发性的示范指导。

注意事项：

①认真听取和仔细观察指导教师在示范中的讲解及检修操作。

②熟练掌握电路图中各个具体环节的作用。

③在排除故障过程中，故障分析的思路和方法要正确。

④带电检修故障时头脑一定要清醒。必须要有指导老师在现场进行监护，以确保人身、设备安全。

成绩评定

学生姓名_____

项 目	考核要求	检测结果	配 分	评分细则	得 分
接 线	严格按照原理图接线		20	不按原理图接线不得分,每错一处扣2分	
外观质量	布线横平竖直,转角圆滑呈90°		6	一处不合格扣一分,以此类推,扣完为止	
	长线沉底,走线成束		2	不符合要求不得分	
	线槽引出线不交叉		2	交叉一处扣1分	
	选线正确		2	不符合要求不得分	
线头处理	线头不裸露		1	线头裸露1 mm一处扣1分	
	羊眼圈弯曲正确		1	弯曲过大不得分	
	线头处理良好		1	线头凌乱一处扣1分	
	线头不松动		1	线头松动一处扣1分	
安全文明操作	穿好工作服		1	不穿工作服扣1分	
	不乱打乱敲		1	敲击木螺钉扣1分	
	爱护电器元件		2	损坏元件扣2分	
	遵守实作室纪律		2	不遵守纪律扣1~2分	
电路检查	理清并检测所需元件		10	错误一处扣1分	
	按工艺要求完成安装		10	错误一处扣1分	
	通电合格		20	试板不成功酌情扣分	
故障排除	人为设置1~2处故障		18	酌情扣分	

学习评估

现在已经完成了这一课题的学习,希望你能对所参与的活动提出意见。

请在相应的栏目内"√"	非常同意	同意	没有意见	不同意	非常不同意
1.该课题的内容适合我的需求。					
2.我能根据课题的目标自主学习。					
3.上课投入,情绪饱满,能主动参与讨论、探索、思考和操作。					
4.教师进行了有效指导。					

请在相应的栏目内"√"	非常同意	同意	没有意见	不同意	非常不同意
5. 我对自身的能力和价值有了新的认识,我似乎比以前更有自信心了。					
你对改善本项目后面课题的教学有什么建议?					

思 考 题

1. 电气原理图中 QS,FU,FR,KM,SB,SQ 分别是什么电气元件的符号? 它们在电路中分别起什么作用?

2. 如何实现电动机的正反转?

3. 在安装电动机正反转控制线路过程中,如果误将 SB_1 的常闭和常开触点接反,会出现什么结果?

任务三　工作台往返控制线路安装与调试

技能目标:1. 会选择、安装及标识工作台往返控制线路的元器件。

2. 能正确安装线路,并符合电气安装工艺。

3. 能处理工作台往返控制线路故障。

知识目标:1. 熟悉行程开关的构造和作用。

2. 理解工作台往返控制线路的构成及工作原理。

知识准备

工作台往返控制是利用行程开关按机床运动部件的位置或机件的位置变化来进行的控制,通常称为行程控制。生产中常见的工作台往返控制有龙门刨床、磨床等生产机械的工作台的自动往返控制。工作台行程示意及控制线路如图 5.7 所示。

SQ_1 和 SQ_2 都使用了复合触点,其常闭触点断开,常开触点才可能闭合。将同一个行程开关的常开、常闭触点分别串入两个接触器线圈支路,起到了联锁控制作用。其工作原理如下:

合上电源开关 QS,按下 SB_2,KM_1 通电吸合(自锁、联锁),电动机正转,工作台前进,挡铁碰撞到 SQ_1,使 SQ_1 的常闭触点断开,KM_1 线圈断电,主触点断开,辅助触点复位,电机停止。之后,SQ_1 的常开触点闭合,KM_2 线圈通电,辅助触点闭合,实现自锁、联锁,主触点闭合,电动机反转,工作台后退。同理,工作台碰撞到 SQ_2 后,电动机正转,工作台前进,实现自动往返运动。

当行程开关 SQ_1 或 SQ_2 发生粘连时,会导致工作台碰撞到行程开关后不能停车,造成事

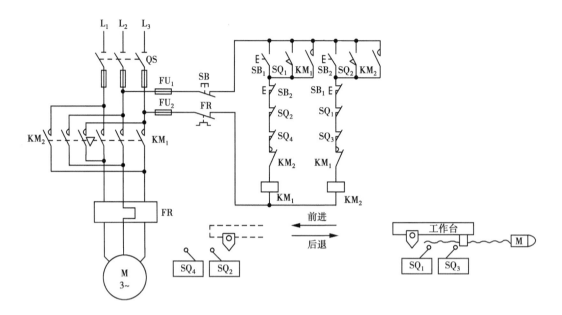

图 5.7 工作台往返控制线路

故。SQ_3 和 SQ_4 是在工作台示意图中 SQ_1 和 SQ_2 两端增加的,起限位保护的作用。例如,当 SQ_1 受撞击后,SQ_1 的常闭触点未能分开,则工作台在电机带动下继续前进,撞击到 SQ_3,分断 KM_1 线圈支路,使 KM_1 主触点分断,电动机断电停车。

工作任务

课题 5.3 工作台往返控制线路安装

训练目的

学会工作台自动往返控制线路的安装及故障排除方法。

训练器材

序　号	名　称	型号(规格)	数　量
1	行程开关	LX19-222	4
2	刀开关	HK2-15	1
3	三相异步电动机	Y-100L2-4	1
4	接触器	CJ10-10	2
5	熔断器	RL1-15	5
6	接线排	JX-1010	1
7	按钮	LA10-3H	1

续表

序　号	名　称	型号（规格）	数　量
8	热继电器	JR16-20/3	1
9	木质电盘	400 mm×300 mm×30 mm	1
10	软导线	主电路,红色:BV1.5	若干
11	软导线	控制电路,绿色:BV1	若干
12	软导线	按钮线:BVR0.75	若干

训练步骤

(1)重新认识行程开关的结构,学会用万用表检测其触点的通断。

(2)按照电气原理图(图5.7)和如下的元件布局图画出接线图。

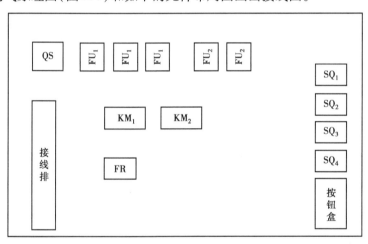

(3)将元件固定在木板上,按照原理图(图5.7)装接好主电路线路。正确无误后,接好辅助电路的线路。

(4)自己检查无误后,请老师检查。

(5)不接电动机,通电检查:

①按下 SB_2(SB_3),观察 KM_1(KM_2)动作情况是否正常。

②按下 SB_2(SB_3),拨动 SQ_1(SQ_2),观察 KM_1(KM_2)动作是否正常。

③按下 SB_2(SB_3),拨动 SQ_3(SQ_4),观察 KM_1(KM_2)是否断开。

(6)上述检查正常后,接入电动机试验。

注意事项:

①按钮盒内的接线盒行程开关内的接线不能接错,切忌短路。

②只能通过手拨动 SQ_1,SQ_2 来观察电机的转动情况,模拟工作台的自动往返控制。

③拨动 SQ_3,SQ_4,都应该停车,模拟工作台的限位保护。

④通电前,根据原理图(图5.7)按下相关按钮、接触器、开关,用万用表电阻挡检测电路连接是否正确,是否有短路情况发生,避免一通电就烧保险。

成绩评定

学生姓名_____

项　目	考核要求	检测结果	配　分	评分细则	得　分
接线	严格按照原理图接线		20	不按原理图接线不得分,每错一处扣2分	
外观质量	布线横平竖直,转角圆滑呈90°		6	一处不合格扣一分,以此类推,扣完为止	
	长线沉底,走线成束		2	不符合要求不得分	
	线槽引出线不交叉		2	交叉一处扣1分	
	选线正确		2	不符合要求不得分	
线头处理	线头不裸露		1	线头裸露1 mm一处扣1分	
	羊眼圈弯曲正确		1	弯曲过大不得分	
	线头处理良好		1	线头凌乱一处扣1分	
	线头不松动		1	线头松动一处扣1分	
安全文明操作	穿好工作服		1	不穿工作服扣1分	
	不乱打乱敲		1	敲击木螺钉扣1分	
	爱护电器元件		2	损坏元件扣2分	
	遵守实作室纪律		2	不遵守纪律扣1~2分	
电路检查	理清并检测所需元件		10	错误一处扣1分	
	按工艺要求完成安装		10	错误一处扣1分	
	通电合格		20	试板不成功酌情扣分	
故障排除	人为设置1~2处故障		18	酌情扣分	

学习评估

现在已经完成了这一课题的学习,希望你能对所参与的活动提出意见。

请在相应的栏目内"√"	非常同意	同意	没有意见	不同意	非常不同意
1. 该课题的内容适合我的需求。					
2. 我能根据课题的目标自主学习。					
3. 上课投入, 情绪饱满, 能主动参与讨论、探索、思考和操作。					
4. 教师进行了有效指导。					
5. 我对自身的能力和价值有了新的认识, 我似乎比以前更有自信心了。					
你对改善本项目后面课题的教学有什么建议?					

思考题

1. 在工作台自动往返控制电路原理图中, 合上 QS, 按下 SB_2 无动作, 按下 SB_3, KM_2 吸合, 电动机转动正常。试划分故障范围。

2. 在工作台自动往返控制电路原理图中, 合上 QS, 按下 SB_2, 电动机正常运行, 拨动 SQ_1 后, 刀开关里的保险被烧。试划出故障范围, 简述检修思路。

任务四　Y-△降压启动控制线路安装调试

技能目标: 1. 会选择、安装及标识降压控制线路的元器件。

2. 能正确安装接触器电阻降压启动控制线路, 并符合电气安装工艺。

3. 能正确安装接触器手动控制 Y-△降压启动控制线路, 并符合电气安装工艺。

知识目标: 1. 熟悉时间继电器的构造和作用。

2. 理解时间继电器控制 Y-△降压启动控制线路的构成及工作原理。

知识准备

降压启动是指启动时降低加在电动机定子绕组上的电压, 启动后再将电压恢复至额定值, 使之在正常电压下运行。容量大于 10 kW 的笼型异步电动机直接启动时, 启动冲击电流为额定值的 4~8 倍, 故一般均需采用相应措施降低电压, 即减小与电压成正比的电枢电流, 从而在电路中不至于产生过大的电压降。常用的降压启动方式有定子电路串电阻降压启动、星形-三角形(Y-△)降压启动和自耦变压器降压启动。在这里只介绍 Y-△降压启动控制电路。

星型-三角形降压启动是指正常运行时定子绕组接成三角形的笼型异步电动机, 启动时先将定子绕接成星形, 待转速上升接近额定转速时, 再将定子绕组由星形换接为三角形, 电动机便进入全电压正常运行状态。星形-三角形换接启动方法的控制特点是, 采用星形-三角形换接启动, 可使启动电流减小为原三角形启动电流的1/3, 但需注意电动机三相绕组的 6 个出线端均须引出。一般功率在 4 kW 以上的三相异步电动机运行时均采用三角形接法。

一、三相异步电动机的绕组连接方法

1.星形接法

将三相异步电动机的 U,V,W 三相绕组的末端连接在一起,连接三相电源的中性线(可省略不接),首端分别接三相电源三根相线,这样的连接方式称为星形接法。电动机采用星形接法时,每相绕组两端所加电压为 220 V 的相电压,如图 5.8(a)所示。

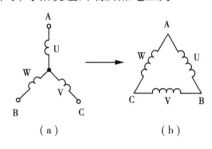

图 5.8 Y-△绕组连接转换图

(a)星形接法 (b)三角形接法

2.三角形接法

将三相异步电动机的 U,V,W 三相绕组的首末端依次相连,构成一个循环,再分别引出三根线接三相电源的相线,这样的连接方式称为三角形。电动机采用三角形接法时,每相绕组两端所加电压为 380 V 的线电压,如图 5.8(b)所示。

二、电动机串电阻降压启动控制线路

电动机串电阻降压启动控制线路如图 5.9 所示。

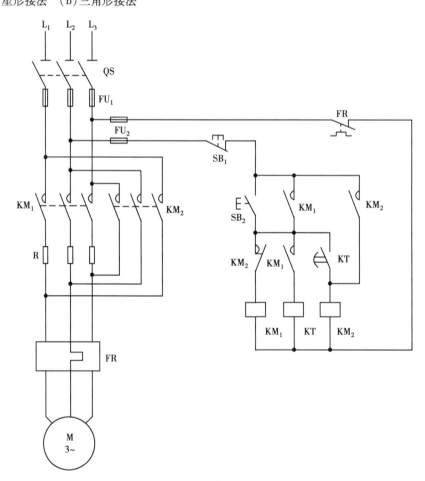

图 5.9 电动机定子串电阻降压启动控制线路

电动机串电阻降压启动的工作原理如下：

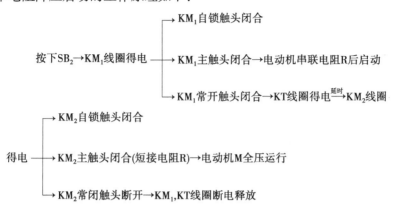

三、时间继电器实现自动控制的 Y-△ 降压启动

时间继电器实现自动控制的 Y-△ 降压启动线路如图 5.10 所示。

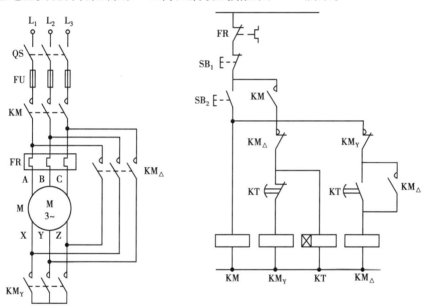

图 5.10 Y-△ 降压启动线路

时间继电器自动控制的 Y-△ 降压启动工作原理如下：

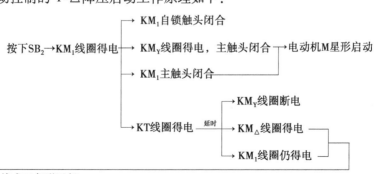

工作任务

课题5.4 接触器手动控制 Y-△ 降压启动控制线路安装

训练目的

学会接触器手动控制 Y-△ 降压启动控制线路的安装及故障排除方法。

训练器材

序　号	名　称	型号(规格)	数　量
1	刀开关	HK2-15	1
2	三相异步电动机	Y-100L2-4	1
3	接触器	CJ10-10	2
4	熔断器	RL1-15	5
5	接线排	JX-1010	1
6	按钮	LA10-3H	1
7	热继电器	JR16-20/3	1
8	木质电盘	400 mm×300 mm×30 mm	1
9	软导线	主电路,红色:BV1.5	若干
10	软导线	控制电路,绿色:BV1	若干
11	软导线	按钮线:BVR0.75	若干

训练步骤

(1)重新认识行程开关的结构,学会用万用表检测其触点的通断。

(2)按照电气原理图(图5.10)和如下的元件布局图画出接线图。

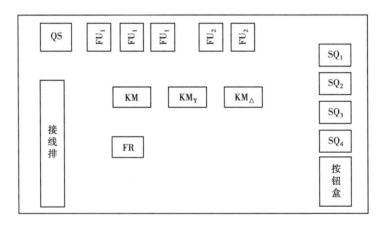

(3)将元件固定在木板上,根据原理图(图5.10)装接好主电路线路。正确无误后,接好辅助电路的线路。

(4)自己检查无误后,请老师检查。

(5)不接电动机,通电检查。

（6）在通电运行、动作无误的电路上，认为设置故障并通电运行，观察故障现象，并将故障现象记入表5.5中。

表5.5

故障设置元件	故障点	故障现象
接触器 KM	线圈端子接触松脱	
接触器 KM$_Y$	自锁触点不能接触	
接触器 KM$_\triangle$	联锁触点不能接触	
接触器 KM$_Y$	一相主触点不能接触	
接触器 KM$_\triangle$	自锁触点不能接触	

成绩评定

学生姓名_____

项　　目	考核要求	检测结果	配　分	评分细则	得分
接线	严格按照原理图接线		20	不按原理图接线不得分,每错一处扣2分	
外观质量	布线横平竖直,转角圆滑呈90°		6	一处不合格扣一分,以此类推,扣完为止	
	长线沉底,走线成束		2	不符合要求不得分	
	线槽引出线不交叉		2	交叉一处扣1分	
	选线正确		2	不符合要求不得分	
线头处理	线头不裸露		1	线头裸露1 mm一处扣1分	
	羊眼圈弯曲正确		1	弯曲过大不得分	
	线头处理良好		1	线头凌乱一处扣1分	
	线头不松动		1	线头松动一处扣1分	
安全文明操作	穿好工作服		1	不穿工作服扣1分	
	不乱打乱敲		1	敲击木螺钉扣1分	
	爱护电器元件		2	损坏元件扣2分	
	遵守实作室纪律		2	不遵守纪律扣1~2分	
电路检查	理清并检测所需元件		10	错误一处扣1分	
	按工艺要求完成安装		10	错误一处扣1分	
	通电合格		20	试板不成功酌情扣分	
故障排除	人为设置1~2处故障		18	酌情扣分	

学习评估

现在已经完成了这一课题的学习,希望你能对所参与的活动提出意见。

请在相应的栏目内"√"	非常同意	同意	没有意见	不同意	非常不同意
1.该课题的内容适合我的需求。					
2.我能根据课题的目标自主学习。					
3.上课投入,情绪饱满,能主动参与讨论、探索、思考和操作。					
4.教师进行了有效指导。					
5.我对自身的能力和价值有了新的认识,我似乎比以前更有自信心了。					
你对改善本项目后面课题的教学有什么建议?					

思 考 题

1. 什么叫电动机的降压启动? 常用的降压启动方法有哪些?
2. 简述用时间继电器自动控制的 Y-△降压启动控制电路的基本结构和动作原理。

任务五 三相笼型异步电动机制动控制

技能目标:1. 会选择、安装及标识制动控制线路的元器件。
　　　　　2. 能正确识读电机制动控制线路图。
知识目标:1. 了解电动机的能耗、反接制动原理。
　　　　　2. 理解电动机反接制动控制线路工作原理。

知识准备

1. 能耗制动控制

能耗制动控制的工作原理:在三相电动机停车切断三相交流电源的同时,将一直流电源引入定子绕组,产生静止磁场,电动机转子由于惯性仍沿原方向转动,则转子在静止磁场中切割磁力线,产生一个与惯性转动方向相反的电磁转矩,实现对转子的制动。能耗制动控制线路如图 5.11 所示,图中变压器 TC、整流装置 VC 提供直流电源。

(1)启动过程

按下启动按钮SB$_1$→KM$_1$线圈得电并自锁
　　　　　　　　　├→ KM$_1$常闭辅助触头断开联锁
　　　　　　　　　└→ KM$_1$主触头闭合→电动机M启动运行

（2）制动停车过程

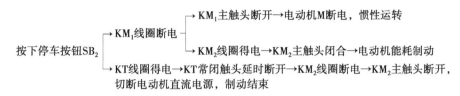

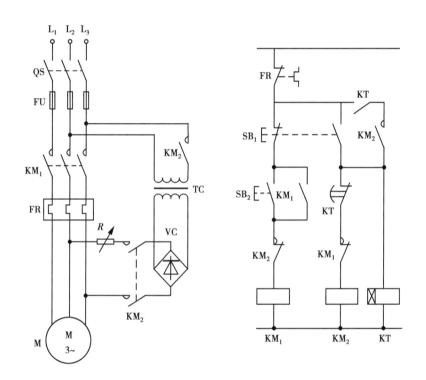

图 5.11　能耗制动控制线路

2. 反接制动控制

反接制动控制的工作原理：改变异步电动机定子绕组中的三相电源相序，使定子绕组产生方向相反的旋转磁场，从而产生制动转矩，实现制动。反接制动要求在电动机转速接近零时及时切断反相序的电源，以防电动机反向启动。其实现电路见图 5.12。

（1）启动过程

按下启动按钮SB₂→KM₁线圈得电
→KM₁自锁触头闭合
→KM₁互锁触头断开
→KM₁主触头闭合→电动机M正转运行，KR常开触点闭合

（2）制动停车过程

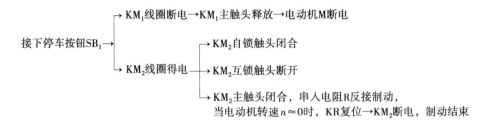

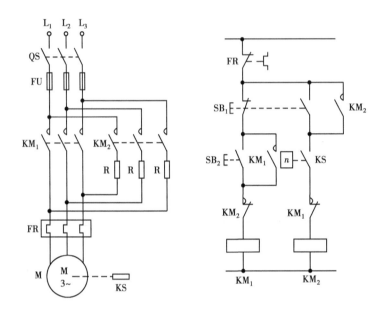

图 5.12　单向反接制动控制电路

工作任务

课题 5.5　电动机的反接制动控制线路安装

训练目的

学会电动机的反接制动控制线路的安装及故障排除方法。

训练器材

序　号	名　称	型号（规格）	数　量
1	刀开关	HK2-15	1
2	三相异步电动机	Y-100L2-4	1
3	接触器	CJ10-10	2
4	熔断器	RL1-15	5
5	接线排	JX-1010	1
6	按钮	LA10-3H	1

续表

序 号	名 称	型号(规格)	数 量
7	热继电器	JR16-20/3	1
8	速度继电器		1
9	木质电盘	400 mm×300 mm×30 mm	1
10	软导线	主电路,红色:BV1.5	若干
11	软导线	控制电路,绿色:BV1	若干
12	软导线	按钮线:BVR0.75	若干

训练步骤

(1)重新认识行程开关的结构,学会用万用表检测其触点的通断。

(2)按照电气原理图(图5.12)和如下的元件布局图画出接线图。

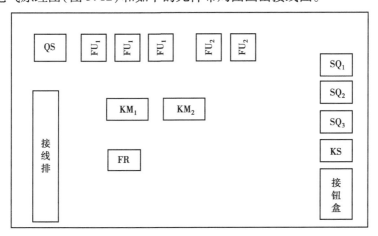

(3)将元件固定在木板上,根据原理图装接好主电路线路。正确无误后,接好辅助电路的线路。

(4)自己检查无误后,请老师检查。

(5)不接电动机,通电检查。

(6)在通电运行、动作无误的电路上,人为设置故障并通电运行,观察故障现象,并将故障现象记入表5.6中。

表5.6

故障设置元件	故障点	故障现象
接触器 KM	线圈端子接触松脱	
接触器 KM$_Y$	自锁触点不能接触	
接触器 KM$_\triangle$	联锁触点不能接触	
接触器 KM$_Y$	一相主触点不能接触	
接触器 KM$_\triangle$	自锁触点不能接触	

成绩评定

学生姓名_____

项　目	考核要求	检测结果	配　分	评分细则	得　分
接线	严格按照原理图接线		20	不按原理图接线不得分,每错一处扣2分	
外观质量	布线横平竖直,转角圆滑呈90°		6	一处不合格扣一分,以此类推,扣完为止	
	长线沉底,走线成束		2	不符合要求不得分	
	线槽引出线不交叉		2	交叉一处扣1分	
	选线正确		2	不符合要求不得分	
线头处理	线头不裸露		1	线头裸露1 mm一处扣1分	
	羊眼圈弯曲正确		1	弯曲过大不得分	
	线头处理良好		1	线头凌乱一处扣1分	
	线头不松动		1	线头松动一处扣1分	
安全文明操作	穿好工作服		1	不穿工作服扣1分	
	不乱打乱敲		1	敲击木螺钉扣1分	
	爱护电器元件		2	损坏元件扣2分	
	遵守实作室纪律		2	不遵守纪律扣1~2分	
电路检查	理清并检测所需元件		10	错误一处扣1分	
	按工艺要求完成安装		10	错误一处扣1分	
	通电合格		20	试板不成功酌情扣分	
故障排除	人为设置1~2处故障		18	酌情扣分	

学习评估

现在已经完成了这一课题的学习,希望你能对所参与的活动提出意见。

请在相应的栏目内"√"	非常同意	同意	没有意见	不同意	非常不同意
1.该课题的内容适合我的需求。					
2.我能根据课题的目标自主学习。					
3.上课投入,情绪饱满,能主动参与讨论、探索、思考和操作。					
4.教师进行了有效指导。					

续表

请在相应的栏目内"√"	非常同意	同意	没有意见	不同意	非常不同意
5.我对自身的能力和价值有了新的认识,我似乎比以前更有自信心了。					
你对改善本项目后面课题的教学有什么建议?					

思 考 题

1. 简述电动机反接制动控制线路的工作原理。
2. 根据反接制动元件分布图画出其接线图。

项目六　典型机床线路调试及故障处理

项目目标: 1. 能熟练掌握电气线路检修方法、步骤。

2. 能掌握典型机床的安全操作。

3. 能熟练掌握典型机床工作原理。

4. 能熟练掌握典型机床控制线路的常见故障的分析、判断和故障的处理。

5. 能熟练掌握典型低压电器元件的维修。

任务一　电气控制线路的检修

技能目标: 1. 能用指针式万用表进行测量,并能正确读数。

2. 会使用数字式万用表。

知识目标: 1. 了解万用表基本结构。

2. 理解电阻、电压、电流的基本参数。

知识准备

一、电气控制线路的检修步骤

1. 故障调查

电路出现故障,切忌盲目乱动,在检修前应对故障发生情况进行尽可能详细的调查。

①问:询问操作人员故障发生前后电路和设备的运行状况,发生时的迹象,如有无异响、冒烟、火花及异常振动;故障发生前有无频繁启动、制动、正反转、过载等现象。

②听:在电路和设备还能勉强运转而又不致扩大故障的前提下,可通电启动运行,倾听有无异响,如有应尽快判断出异响的部位后迅速停车。

③看:看触头是否烧蚀、熔毁;线头是否松动、松脱;线圈是否发高热、烧焦,熔体是否熔断;脱扣器是否脱扣等;其他电气元件有无烧坏、发热、断线,导线联接螺钉是否松动,电动机的转速是否正常。

④摸:刚切断电源后,尽快触摸检查线圈、触头等容易发热的部分,看温升是否正常。

⑤闻:用嗅觉器官检查有无电器元件发高热和烧焦的异味。

2. 根据电路、设备和结构及工作原理查找故障范围

弄清楚被检修电路、设备的结构和工作原理,是循序渐进、避免盲目检修的前提。检查故障时,先从主电路入手,看拖动该设备的几个电动机是否正常;然后逆着电流方向检查主电路的触头系统、热元件、熔断器、隔离开关及线路本身是否有故障;接着根据主电路与控制电路之间的控制关系,检查控制回路的线路接头、自锁或联锁触点、电磁线圈是否正常,检查制动装置、传动机构中工作不正常的范围,从而找出故障部位。如能通过直观检查发现故障点,如线

圈脱落,触头(点)、线圈烧毁等,则检修速度更快。

3.从控制电路动作程序检查故障范围

通过直接观察无法找到故障点,断电检查仍未找到故障点时,可对电气设备进行通电检查。通电检查前要先切断主电路,让电动机停转,尽量使电动机和其所传动的机械部分脱开,将控制器和转换开关置于零位,行程开关还原到正常位置;然后用万用表检查电源电压是否正常,是否有缺相或严重不平衡。

4.利用仪表检查

电气修理中,可用万用表相应的电阻挡检查线路的通断,电动机绕组、电磁线圈的直流电阻,触头(点)的接触电阻等是否正常;可用钳形电流表或其他电流表检查电动机三相空载电流、负载电流是否平衡,大小是否正常;可用万用表检查三相电源电压是否正常、是否一致,对电器的有关工作电压、线路部分电压等;可用兆欧表检查线路、绕组的有关绝缘电阻。

5.机械故障的检查

在电气控制线路中,有些动作是由电信号发出指令,由机械机构执行驱动的。如果机械部分的联锁机构、传动装置及其他动作部分发生故障,即使电路完全正常,设备也不能正常运行。在检修中,应注意机构故障的特征和表现,探索故障发生的规律,找出故障点,并排除故障。

二、电气控制线路的检修方法

1.断路故障的检修

(1)试电笔检修法

试电笔检修断路故障的方法如图 6.1 所示。检修时用试电笔依次测试 1,2,3,4,5,6 各点,测到哪点试电笔不亮,即表示该点为断路处。

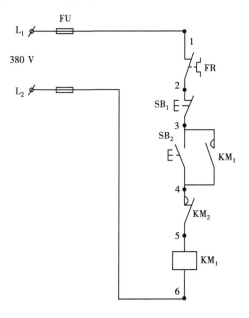

图 6.1　用试电笔检修断路故障

(2)电压表法

在图 6.2 所示的电路中,按下启动按钮 SB_2,正常时,KM_1 吸合并自锁。将万用表拨到交

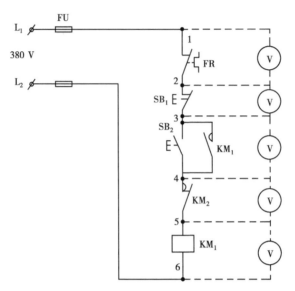

流 500 V 挡,测量电路中 1—2,2—3,3—4,4—5 各段电压均应为 0,5—6 两点间电压应为 380 V。

图 6.2　电压表法查找触点故障示意图

（3）欧姆表法

在图 6.3 所示的电路中,按下启动按钮 SB_2,接触器 KM_1 不吸合,该电气回路有断路故障。在查找故障点前首先把控制电路两端从控制电源上断开,万用表置于 $R \times 1$ Ω 挡,然后逐段测量相邻两标号点(1—2,2—3,3—4,4—5)之间的电阻。若测得某两点间电阻很大,说明该触头接触不良或导线断路;若测得 5—6 间电阻很大(无穷大),则线圈断线或接线脱落。若电阻接近零,则线圈可能短路。

注意下列几点:

①用欧姆表法检查故障时一定要断开电源。

②如被测的电路与其他电路并联,则必须将该电路与其他电路断开,否则所测得的电阻值是不准确的。

③测量高电阻值的电气元件时,把万用表的选择开关旋转至适合的电阻挡。

（4）短接法

短接法就是用一根绝缘良好的导线,把怀疑断路的部位短接,如短接过程中电路被接通,就说明该处断路。

图 6.4 中的 SB 是装在绝缘盒里的试验按钮(型号为 LA18-22,电压为交流 550 V、直流 440 V,电流为 5 A),它有两根引线,引线端头可分别采用黑色和红色鱼夹。

短接法检查故障时应注意以下几点:

①短接法是用手拿绝缘导线带电操作的,因此一定要注意安全,避免触电事故发生。

②短接法只适用于检查压降极小的导线和触点之间的断路故障,对于压降较大的电器,如电阻、线圈、绕组等断路故障,不能采用短接法,否则会出现短路故障。

③对于机床的某些要害部位,必须在保障电气设备或机械部位不会出现事故的情况下才

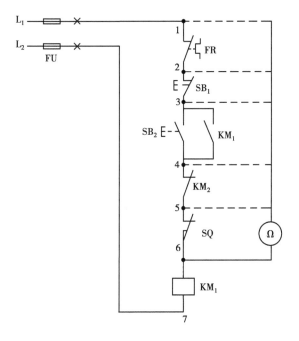

图6.3　欧姆表法查找触点故障示意图

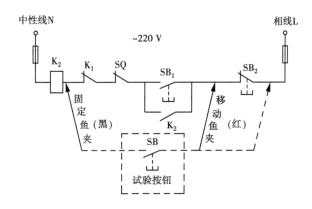

图6.4　短接法查找触点故障示意图

能使用短接法。

2. 故障的检修

（1）电源间短路故障的检修

电源间短路故障一般是通过电器的触点或连接导线将电源短路的，如图6.5所示。行程开关SQ中的3与0点因某种原因形成连接将电源短路，电源合上，熔断器FU就熔断。

（2）电器触点之间的短路故障检修

如图6.6所示的接触器KM₁的两副辅助触点3和8因某种原因短路，则当合上电源时，接触器KM₂即吸合。

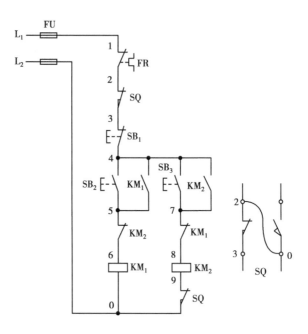

图6.5 电源间短路故障的检修

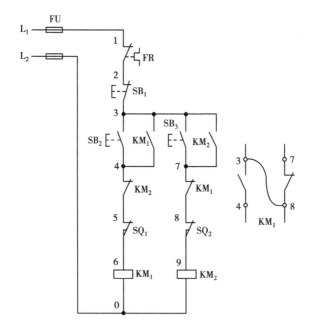

图6.6 电器触头之间短路故障的检修

工作任务

课题 6.1 电气控制线路的安装和配线

训练目的

熟悉电气设备安装工艺和流程

训练器材

根据实际教学情况准备常用电工工具、常用低压电器及相关工具器材。

训练步骤

（1）根据电气原理图绘制电气接线图

图 5.6、图 5.7 和图 5.8 分别是三相异步电动机正反转控制、工作台往返控制和 Y-△降压启动的电气原理图，根据该原理图分别绘制出电气接线图。绘制电气接线图的要求如下：

①电源开关、熔断器、交流接触器、热继电器画在配电板内部，电动机、按钮画在配电板外部。

②安装在配电板上的元件布置应根据配线合理，操作方便，保证电气间隙不能太小，重的元件放在下部，发热元件放在上部等原则进行，元件所占面积按实际尺寸以统一比例绘制。

③安装接线图中各电气元件的图形符号和文字符号应和原理图完全一致，并符合国家标准。

④各电气元件上凡是需要接线的部件端子都应绘出并予以编号，各接线端子的编号必须与原理图的导线编号相一致。

⑤电气配电板内电气元件之间的连线可以互相对接，配电板内接至板外的连线通过接线端子板连接。

⑥因配电线路连线太多，因而规定走向相同的相邻导线可以绘成一股线。

（2）安装电器元件

电器元件安装可按下列步骤进行：

①底板选料、裁剪。实训时一般选用层压板或木板。

②定位。根据电器产品说明书上的安装尺寸，用划针确定安装孔的位置，再用样冲冲眼以固定钻孔中心。

③钻孔。确定电器元件的安装位置后，在钻床上（或用电钻）钻孔。

④固定。用固定螺栓把电器元件按确定的位置（安装前应核对器件的型号、规格，检查其性能是否良好）逐个固定在底板上。

（3）配线

在进行电气控制板安装配线时，一般采用明配线即板前配线。明配线的一般步骤如下：

①考虑好元器件之间连接线的走向、路径；导线应尽可能不重叠，不交叉。

②选取合适的导线，明配线一般选用 BV 型单股塑料硬线或 BVR 多芯软线作连接导线。

③根据导线的走向和路径，量取连接点之间的长度，截取适当长度的导线并理直。

④根据导线应走的方向和路径，用尖嘴钳将每个转角都弯成 90°角（尤其要注意不能破坏导线绝缘层）。

⑤用电工刀或剥线钳剥去导线两端的绝缘层，套上与原理图相对应的号码套管。

⑥在所有导线连接好后,对其进行整理。

⑦配线完毕后,根据图样检查接线是否正确。

(4)电气控制板安装检查

电气控制板全部安装完毕后,必须进行认真的检查,一般分以下几个方面进行:

①清理电气控制板及周围的环境。

②对照原理图和接线图检查各电器元件安装配线是否正确、可靠;检查线号、端子号是否正确。

③用万用表检查主电路、控制电路是否存在短路、断路情况。

④进行必要的绝缘耐压检验。

(5)通电试车

通电试车时,允许检查主电路及控制电路的熔丝是否完好,但不得对线路进行带电改动;出现故障必须断电检查,检修完毕后向实习指导教师提出通电请求,直到试车达到控制要求。

学习评估

现在已经完成了这一课题的学习,希望你能对所参与的活动提出意见。

请在相应的栏目内"√"	非常同意	同意	没有意见	不同意	非常不同意
1. 该课题的内容适合我的需求。					
2. 我能根据课题的目标自主学习。					
3. 上课投入,情绪饱满,能主动参与讨论、探索、思考和操作。					
4. 教师进行了有效指导。					
5. 我对自身的能力和价值有了新的认识,我似乎比以前更有自信心了。					
你对改善本项目后面课题的教学有什么建议?					

任务二 典型机床线路调试及故障处理

技能目标:1.能识读 C620-1 型车床电气图、X62W 型卧式万能铣床电气图。

2.能自己分析故障原因并排除故障。

知识目标:1.了解典型机床的结构和工作过程。

2.熟悉电气线路检修思路和方法。

工作任务

课题 6.2 C620-1 型车床电气线路的安装与调试

训练目的

识读 C620-1 型车床电气图，按要求进行安装配线。

训练器材

根据实际教学情况准备 C620-1 型车床（或模拟设备）、常用电工工具、常用低压电器及相关工具器材。

训练内容

（1）主要结构及对电气线路的要求

C620-1 型车床主要由车身、主轴变速箱、进给箱、溜板箱、溜板与刀架等几部分组成。机床的主传动是主轴的旋转运动，且由主轴电动机通过带传动传到主轴变速箱再旋转的；机床的其他进给运动是由主轴传给的。

机床共有两台电动机，一台是主轴电动机，带动主轴旋转；另一台是冷却泵电动机，为车削工件时输送冷却液。机床要求两台电动机只能单向运动，且采用全压直接启动。

（2）电气线路的安装

①熟悉电气原理图。C620-1 型车床的电气线路由主电路、控制电路、照明电路等部分组成，如图 6.7 所示。

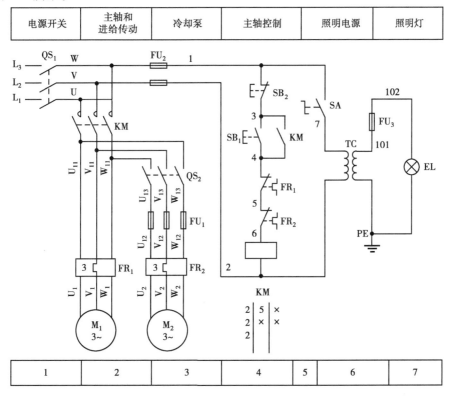

图 6.7 C620-1 型车床电气原理图

105

②绘制电气安装接线图。根据前面的介绍，先确定电气元件的安装位置，然后绘制电气安装接线图，如图6.8所示。

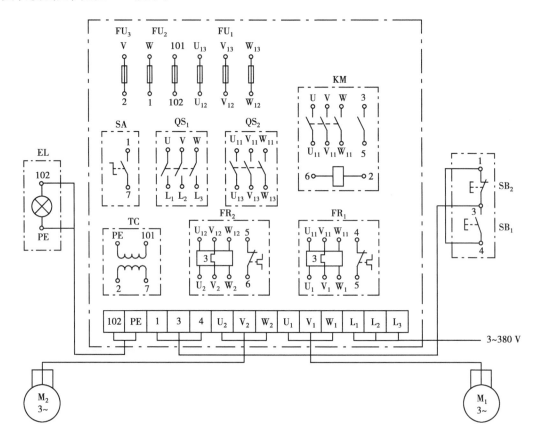

图6.8　C620-1型车床接线图

③检查和调整电器元件。根据表6.1列出的C620-1型车床电器元件明细，配齐电气设备和电器元件，并逐件检验。

表6.1　C620-1型车床电器元件明细表

代　号	元件名称	型　号	规　格	件　数
M_1	主轴电动机	J52-4	7 kW,1 400 r/min	1
M_2	冷却泵电动机	JCB-22	0.125 kW,2 790 r/min	1
KM	交流接触器	CJ0-20	380 V	1
FR_1	热继电器	JR16-20/3D	14.5 A	1
FR_2	热继电器	JR2-1	0.43 A	1
QS_1	三相转换开关	HZ2-10/3	380 V,10 A	1
QS_2	三相转换开关	HZ2-10/2	380 V,10 A	1
FU_1	熔断器	RM3-25	4 A	3

续表

代　号	元件名称	型　号	规　格	件　数
FU_2	熔断器	RM3-25	4 A	2
FU_3	熔断器	RM3-25	1 A	1
SB_1,SB_2	控制按钮	LA4-22K	5 A	1
TC	照明变压器	BK-50	380 V/36 V	1
EL	照明灯	JC6-1	40 W,36 V	1

④电气控制柜的安装配线。

⑤电气控制柜的安装检查。

⑥电气控制柜的调试。

以上检查无误后,可进行通电试车。

课题 6.3　X62W 型卧式万能铣床电气线路的安装与检修

训练目的

识读 X62W 型卧式万能铣床电气图,按要求进行安装配线。

训练器材

根据实际教学情况准备 X62W 型卧式万能铣床(或模拟设备)、常用电工工具、常用低压电器及相关工具器材。

训练内容

X62W 型卧式万能铣床可用来加工零件的平面、斜面和沟槽,加装分度头可加工直齿轮或螺旋面;因为具有回转圆工作台,还可以加工凸轮和弧形槽。

1. 主要结构与运动形式

X62W 型万能铣床主要由床身、悬梁、刀杆支架、工作台和升降台等组成,其结构示意图如图 6.9 所示。

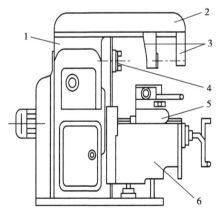

图 6.9　X62W 万能铣床结构示意图

1—床身;2—悬梁;3—刀杆支架;4—主轴;5—工作台;6—升降台

由此可见,固定于工作台燕尾槽中的工件可作上下、左右及前后6个方向的移动,便于工作调整和加工进给方向的选择。

综上所述,X62W型卧式万能铣床有如下3种运动:

①主运动,即主轴带动铣刀的旋转运动。

②进给运动,即工作台或进给箱带动工件的移动及圆工作台的旋转运动。

③辅助运动,即工作台带动工件在横、纵、垂直3个方向的快速移动。

2. 电力拖动和控制要求。

X62W型卧式万能铣床的主轴运动和进给运动之间没有速度比例协调要求,故主轴及工作台进给可采用单独的笼型异步电动机拖动,具体要求如下:

①主轴电动机 M_1 为空载时直接启动,为满足顺铣和逆铣工作方式转换的要求,电动机要求有正、反转。

②负载波动会对铣刀转速产生影响,为保证加工质量,主轴装有飞轮,具有较大转动惯性;停车时要求主轴电动机设制动控制,以提高工作效率。

③由 M_2 电动机负责工作台横向、纵向和垂直3个方向的进给运动拖动,选用直接启动方式,进给方向的选择由操作手柄配合相应机械传动链来实现,且每个方向均有正、反向运动,即要求 M_2 有正、反转。

④为适应加工工艺要求,主轴和进给速度应可调,本机床采用机械变速的方法,通过改变变速箱传动比予以实现。

⑤主轴与进给工作顺序为有序联锁控制,要求加工开始时铣刀先旋转,进给运动才能进行;加工结束时,进给运动要先于铣刀停止。

⑥使用圆工作台时,工作台不能有其他方向的进给,因此圆工作台旋转与3个方向的进给运动间设有联锁控制。

⑦为提高生产效率,工作台各方向调整运动均为快速移动。

⑧由 M_3 电动机拖动冷却泵,在铣削加工时提供必要的冷却液。

⑨为方便操作,各部分启、停控制均为两地控制。当主轴电动机或冷却泵电动机过载时,进给运动必须立即停止,以免损坏刀具和机床。

3. 电气控制线路分析

X62W型卧式万能铣床的电气控制原理图如图6.10所示,控制电路所用电器元件说明如表6.2所列。

①主电路分析。

②控制电路分析。

③辅助电路及保护环节。

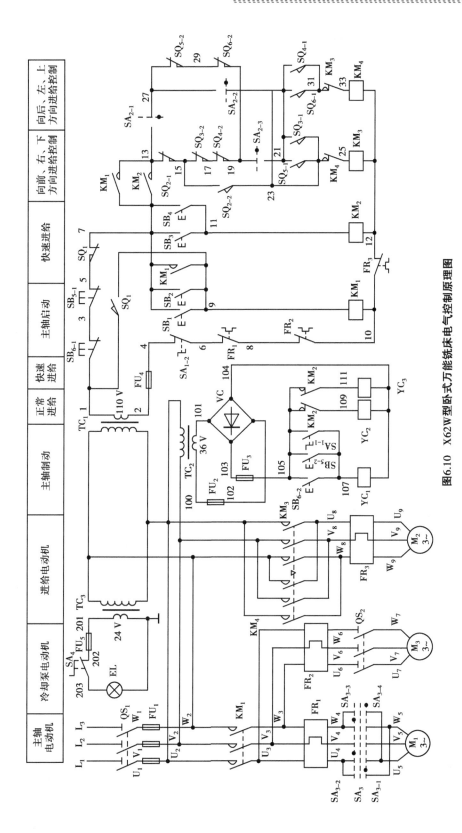

图6.10 X62W型卧式万能铣床电气控制原理图

109

表 6.2　X62W 型卧式万能铣床控制电路所用电器元件的符号及功能说明表

符　号	名称及用途	符　号	名称及用途
QS	电源隔离开关	SQ_1	工作台向右进给行程开关
M_1	主轴电动机	SQ_2	工作台向左进给行程开关
M_2	进给电动机	SQ_3	工作台向前、向下进给行程开关
M_3	冷却泵电动机	SQ_4	工作台向后、向上进给行程开关
KM_1	冷却泵接触器	SQ_6	进给变速冲动开关
KM_2	反接制动接触器	SQ_7	主轴变速冲动开关
KM_3	主电动机启动、停止控制接触器	SA_1	圆工作台转换开关
KM_4、KM_5	进给电动机正、反转接触器	SA_3	冷却泵转换开关
KM_6	快速移动接触器	SA_4	照明灯开关
KS	速度继电器	SA_5	主轴换向开关
YA	快速电磁铁线圈	FR_1	主轴电动机热继电器
R	限流电阻	FR_2	进给电动机热继电器
SB_1,SB_2	分设在两处的主轴启动按钮	FR_3	冷却泵热继电器
SB_3,SB_4	分设在两处的主轴停止按钮	TC	变压器
SB_5,SB_6	工作台快速移动按钮	FU_1—FU_4	短路保护的熔断器

4. 工作控制过程

（1）工作台纵向进给过程

纵向手柄扳在右位 $\begin{cases}$ 合上纵向进给机械离合器 \\ 压下 SQ_1（SQ_{12}断开，SQ_{11}闭合）→KM_4 线圈得电→电动机 M_2 正转→工作台右移 $\end{cases}$

右移电流路径：SQ_{62}→SQ_{42}→SQ_{32}→SA_{11}→SQ_{11}→KM_4 线圈→KM_5 常闭触点

纵向手柄扳在左位 $\begin{cases}$ 合上纵向进给机械离合器 \\ 压下 SQ_2（SQ_{22}断开，SQ_{21}闭合）→KM_5 线圈得电→电动机 M_2 反转→工作台左移 $\end{cases}$

左移电流路径：SQ_{62}→SQ_{42}→SQ_{32}→SA_{11}→SQ_{21}→KM_5 线圈→KM_4 常闭触点

（2）工作台横向、垂直进给运动控制过程

十字复位手柄扳在下方 $\begin{cases}$ 合上垂直进给机械离合器 \\ 压下 SQ_3（SQ_{32}断开，SQ_{31}闭合）→KM_4 线圈得电→电动机 M_2 正转→工作台下移 $\end{cases}$

十字复位手柄扳在上方 $\begin{cases}$ 合上垂直进给机械离合器 \\ 压下 SQ_4（SQ_{42}断开，SQ_{41}闭合）→KM_5 线圈得电→电动机 M_2 反转→工作台上移 $\end{cases}$

十字复位手柄扳在右方（前）$\begin{cases}$ 合上横向进给机械离合器 \\ 压下 SQ_3（SQ_{32}断开，SQ_{31}闭合）→KM_4 线圈得电→电动机 M_2 正转→工作台前移 $\end{cases}$

十字复位手柄扳在左方（后）$\begin{cases}$ 合上横向进给机械离合器 \\ 压下 SQ_4（SQ_{42}断开，SQ_{41}闭合）→KM_5 线圈得电→电动机 M_2 反转→工作台后移 $\end{cases}$

向下（或向前）电流路径：SA_{13}→SQ_{22}→SQ_{12}→SA_{11}→SQ_{31}→KM_4 线圈→KM_5 的常闭触点

向上（或向后）电流路径：SA_{13}→SQ_{22}→SQ_{12}→SA_{11}→SQ_{41}→KM_5 线圈→KM_4 的常闭触点

5.对常见故障进行分析判断、排除及检修(在示教模拟电路装置上进行)

(1)故障现象一:主轴电机 M_1 不启动

分析及处理:

首先对示教模拟电路应区分两种情况来进行考虑:一是刚安装完毕,开机通电调试所遇到的问题,二是已经正常运行过的电路以后出现的故障。

若是前者,应综合考虑如下3方面:①主回路、控制回路安装是否正确,接错线、回路未接通这是发生在学生中的常见现象,应严格安装工艺,每条导线须与电路图一一对应,每安装一条导线必须两端套编码管,写上同电路图一致的编码,而且旋紧接线头,不能压胶;②相关电器元件选用是否正确,如 KM_1 线圈额定电压与控制电压必须一致,电器元件是否完好,是否处于正确状态,如 FR_1 动作过后应按复位按钮,使得控制回路得以形成,不然的话,主轴电机 M_1 是不能启动的;③电源电压是否正常。

若是后者,应先确定 KM_1 是否已经动作,若已动作则说明控制回路正常,采用电压测量的方法进行排查,将万用表的转换开关旋到交流电压500 V挡位上,两支表笔点触 FR_1 的三相进行端(即 KM_1 的三相出线端) U_{13}、V_{13}、W_{13},测量三相电压情况,如缺相或无电压,再测 FU_1 输入、输出端,以确定故障区域,若 U_{12}、V_{12}、W_{12} 电压正常,说明 KM_1 主触头有问题,应对其进行修理; U_{13}、V_{13}、W_{13} 电压正常,则测 U_{14}、V_{14}、W_{14} 或 $1U$,$1V$,$1W$ 的电压,可以确定是哪一段电路或电器有问题,常见电器元件问题还有 FRI 因电机 M_1 过载保护动作断路、SA_3 触头故障、M_1 三相定子绕组断路或转子机械卡死导致电机 M_1 绕组烧毁。如果 KM_1 没有动作,应先测量控制变压器 TC 输出、输入电压,0—4、0—5 两点间电压都应为 110 V 交流电压,U_{12}—V_{12} 两点间应为 380V 交流电压,如果这些点的电压正常,则应用电压分段测量法检测判定 KM_1 线圈两端3—6 两点间有没有 110 V 交流电压,从 1,2,3,5,6,7,8,9 各点的 110 V 交流电压的有无情况就可确定是哪一段控制电路、哪一个元件的问题。如果 3—6 两点间有 110 V 交流电压,那么问题应在 KM_1 线圈或其连接上,出现了断路的情况。SQ_1 作为主轴变速冲动位置开关,受到的冲击频繁,受损及触头接触不良的情况常出现,SB_1、SB_2 作为异地启动按钮亦可能出现故障。

(2)故障现象二:固定工件的工作台没有进给运动

此种故障需要结合原理进行综合分析。固定工件的工作台没有进给运动,工件就得不到铣削,这与主轴运动无关,首先应确定是没有左右进给运动、前后进给运动抑或是上下进给运动。如果没有左右进给运动,问题应出在工作台的控制运行上,检查考虑实际操作手柄有无压到位置开关 SQ_5 或 SQ_6,从而接通 KM_3 或 KM_4,使得进给电机 M_2 正、反转;如果没有前后进给运动,问题应出在溜板的控制运动上,检查考虑实际操作手柄有无压到位置开关 SQ_3 或 SQ_4,从而接通 KM_3 或 KM_4,使得进给电机 M_2 正、反转。在这里要清楚工作台左右进给操作是单独的,而前后、上下进给运动操作手柄是合一的,操作手柄向不同的位置,又通过机械机构将进给电动机 M_2 的传动链与左右进给丝杠或前后进给丝杠或上下进给丝杠搭合或脱离。

由于各个方向上的进给运动的控制有赖于操作手柄、位置开关、挡铁和接触器的准确配合,因而进给运动的故障多数发生在配合上,出现这类故障,需分清左右进给、前后进给、上下进给运动,而后仔细调校。由于机床进给运动是经常性运动,位置开关触头接触不良造成回路断路的情况也时有发生,可用回路测量的方法确定故障回路及故障点。例如,断开电源开关

QS$_1$,将万用表转换开关旋到欧姆挡,表笔检测 10—12 两点,将 SA$_2$ 扳到断开位置,此时触头 SA$_{2-1}$,SA$_{2-3}$(17 区)闭合,触头 SA$_{2-3}$(18 区)断开,扳动位置开关 SQ$_{5-1}$ 闭合,触头 SQ$_{5-2}$ 断开,10—13—14—15—16—17—18—12 回路应导通,若不导通,则应将一支表笔点触在 10 或 12 点,另一支表笔点触该回路的一半位置处,如 15 这个点上,以便尽快缩小范围,判断断路点的位置。

其次,除了进给运动的控制环节会产生影响进给运动的故障外,进给运动的执行环节也存在常见的故障,如发生短路、过载,这些都可通过检测的方法发现及确定故障点,并给以排除。比如,控制回路正常,进给电机 M$_2$ 不动作,用万用表交流电压 500 V 挡先测 U$_{16}$,V$_{16}$,W$_{16}$ 点的电压,若电压不正常,则检查热继电器 FR$_3$ 及熔断器 FU$_2$,FR$_3$ 常见问题是因过载而动作,FU$_2$ 常见问题是因短路或过载而烧熔丝;若电压正常,则检查交流接触器 KM$_3$ 或 KM$_4$ 及进给电机 M$_2$,交流接触器常见触头接触不良的问题,电机绕组断路。

(3)故障现象三:工作台不能快速移动

工作台快速移动是指当机床不进行铣削加工时,快速调整进给的点动控制运动。在这里我们只分析机床在进行铣削加工时正常,而在机床不进行铣削时工作台不能快速移动的故障。通过研究 X62W 型万能铣床电路图和了解工作台快速移动原理,知道电磁离合器 YC$_2$ 失电,会将进给电机 M$_2$ 转轴输出传动的齿轮传动链与进给丝杠分离,电磁离合器 YC$_3$ 得电,会将进给电机 M$_2$ 转轴输出传动的齿轮传动链与进给丝杠搭合。造成工作台不能快速移动的原因主要在两方面:①在工作台快速移动控制电路方面,排查时,按下按钮 SB$_3$ 或 SB$_4$,看交流接触器 KM$_2$ 有无动作,若无动作,检测 11—12 两点间交流电压是否有 110 V,从而判断问题在工作台快速移动控制的哪部分电路、哪个元件上;②若有动作,检测 104—107 或 104—108 点间直流电压有无 36 V,若无,则往前逐级查电源,常见故障有整流二极管烧坏、熔断器 FU$_3$ 或 FU$_4$ 熔丝熔断,若有,则电磁离合器 YC$_2$ 或电磁离合器 YC$_3$ 的线圈烧坏或短路。

学习评估

现在已经完成了这一课题的学习,希望你能对所参与的活动提出意见。

请在相应的栏目内"√"	非常同意	同意	没有意见	不同意	非常不同意
1.该课题的内容适合我的需求。					
2.我能根据课题的目标自主学习。					
3.上课投入,情绪饱满,能主动参与讨论、探索、思考和操作。					
4.教师进行了有效指导。					
5.我对自身的能力和价值有了新的认识,我似乎比以前更有自信心了。					
你对改善本项目后面课题的教学有什么建议?					

参考文献

［1］聂广林.电工技能与实训［M］.重庆:重庆大学出版社,2007.

［2］潘毅.机床电气控制［M］.北京:科学出版社,2009.

［3］李显全.维修电工［M］.北京:中国劳动社会保障出版社,2007.